참여의 건축

잔카를로 데 카를로
참여의 건축

사라 마리니 감수

서문

역할 선택하기

사라 마리니

> 물리적인 공간과 그곳에 사는 사람 사이에는
>
> 매우 강렬한 관계가 존재한다.
>
> 나의 관심은 바로 이것이다.
>
> 그렇지 않다면 내가 어떻게 건축을 할 수 있겠는가?
>
> 잔카를로 데 카를로 Giancarlo De Carlo

잔카를로 데 카를로의 저서 『참여의 건축 An Architecture of Participation』은 1972년 '오스트레일리아 왕립 건축 학교 Royal Australian Institute of Architects'에서 기획한 '멜버른 건축 총서 Melbourne Architectural Papers' 중 한 권으로 출판되었다. 이 책에는 어떤 주제 혹은 문제들이 1970년대 건축을 특징짓게 될 것인지 언급해 달라는 주최 측의 요청으로 멜버른에서 열린 일련의 강연 가운데 짐 리처즈 Jim Richards 의 「비판적 시각 A Critic's View」과 피터 블레이크 Peter Blake 의 「새로운 경향들 The New Forces」에 이어 데 카를로가 세 번째로 강연한 내용이 요약되어 있다.[1] 첫 번째 강연을 맡았던 리처즈는 1970년대 이후의 건축이 두 가지 상이한 방향으로 발전할 것이며, 일반적인 건축물은 설계자의 익명성과 고도의 기술을 중요시하는 방향으로 나아가는 반면 기념비 혹은 '도시계획적인 요인'들과 직결되는 건축물의 성향은 건축가의 창조성에 좌우될 것이라고 전망했다. 반면 블레이크는 팝 문화를 이야기하며 건축이 더 이상 정형화된 형상을 토대로 발전할 수 없다는 사실을 강조했다.[2]

작가이자 건축 비평가인 리처즈가 강조했던 것은 본질적으로 모더니즘 운동의 발전 경로인 반면 「아키텍처럴 플러스Architectural Plus」 편집장 블레이크가 강조한 것은 도시에 대한 전적으로 새로운 해석을 가능하게 하는 다양한 형태의 발전 성향들이다.[3] 데 카를로는 강연 서두에서 자신에

---

1   이 세 편의 글은 이탈리아어로 번역되어 『1970년대의 건축L'architettura degli anni Settanta』(Il Saggiatore, Milano, 1973)이라는 제목의 단행본으로 출판되었다. 짐 리처즈, 피터 블레이크, 잔카를로 데 카를로의 강연은 각각 1969년, 1970년, 1971년 멜버른에서 열렸고 오스트레일리아 왕립 건축 학교에서 건축과 도시계획의 미래를 주제로 개최한 세미나의 일환으로 진행되었다.

2   "우리는 형태가 기능에 부합해야 한다고 배웠습니다. 그런데 만약에 어느 날 갑자기 우리 고객이 설계를 의뢰하면서 자신의 건물에 어떤 기능이 요구되는지 모르겠다고 얘기한다면 어떻게 될까요? 뭐랄까, 제게는 이것이 일종의 환상적인 도전처럼 느껴집니다. 미래의 변화를 받아들일 뿐 아니라 이를 적극적으로 반기는 건축을 하기 위한 도전이 될 수 있다는 거죠."(피터 블레이크, 『새로운 경향들』) 피터 블레이크는 뒤이어 존 앤드루스John Andrews가 설계한 '스카버러 칼리지Scarborough College'와 데 카를로가 설계한 '우르비노 대학Collegi di Urbino'을 예로 들어 설명했다.

3   "1907년에 태어난 짐 리처즈는 작가이자 비평가로, 1971년까지 「아키텍처럴 리뷰Architectural Review」 편집장으로 활동하며 『현대 건축 입문An Introduction to Modern Architecture』 외에 수많은 저서를 출판했다. 1920년 독일에서 태어난 건축가 피터 블레이크는 「아키텍처럴 포럼Architectural Forum」 편집장을 거쳐 지금은 「아키텍처럴 플러스」 편집장을 맡고 있다. 1919년 제노바에서 태어난 잔카를로 데 카를로는 밀라노에 스튜디오를 가지고 있고 베네치아 대학 도시계획학과 교수로 활동

게 주어진 질문에 직접적으로 답하거나 시간이 흐르면서 구체화될 건축의 미래에 대해 예견하기보다는 건축에 대한 자신의 관점과 전망을 이야기하겠다고 밝히면서, 1970년대 건축을 특징짓는 요소는 '참여'가 될 것이라고 전망했다.

이 저서에서 데 카를로가 강조하는 것은 다름 아닌 참여의 의미와 조건이다. 제노바 출신인 저자는 '참여'의 조건을 몇몇 도시계획이나 설계를 통해 현장에서 직접 경험하거나 여러 편의 또 다른 저작물에서 연구한 바 있다. 예를 들어 저자가 40년 전에 발표한 「건축의 관중 Il pubblico dell'architettura」[4]이라는 논문은 고정적이지 않고 해석적인 성격의 건축 설계 방식을 모색하기 위해, 아울러 '경청'을 토대로 이루어지는 건축의 새로운 가능성을 모색하기 위해 여전히 필요하며 그런 의미에서 새로이 조명해야 할 텍스트다.

『참여의 건축』은 '참여'에 관한 데 카를로의 저작물 가운데 가장 체계적인 글이라고 볼 수 있다. 하지만 저자는 자신이 참여의 건축에 대한 뚜렷한 정의를 갖고 있지 않으며 참여의 건축이 아직은 구체적인 형태를 갖추지 못했다고 주장한다. 그의 설명은 논리적인 연관성에 따라 분류되는 개별적인 원칙들을 중심으로 전개된다. 저자는 연관성이 떨어

중이다. '현대 건축 국제회의Congres Internationaux d'Architecture moderne' 회원을 역임했고 '팀텐Team 10' 회원으로 활동 중이다. 주목할 만한 데 카를로의 저서에는 『우르비노. 한 도시의 역사와 도시 발전의 구도Urbino. La storia di una città e il piano della sua evoluzione urbanistica』(1968, Marsilio), 『건축과 도시계획의 문제들Questioni di architettura e urbanistica』(1964), 『뒤집힌 피라미드La piramide rovesciata』(1968, De Donato) 등이 있다." 이상은『1970년대의 건축』에 실린 세 저자의 약력이다. (참고로 이들의 사망년도를 순서대로 표기하면 1992, 2006, 2005년이다.—옮긴이)

4   잔카를로 데 카를로,「건축의 관중」, 'Parametro' 5호, 1970.

질 경우 이 원리들 가운데 몇몇을 포기했다고 밝히기도 한다. 데 카를로는 모더니즘의 유산을 재검토하는 작업에서 출발해 당대의 건축학 담론을 구축하기 위해 다양한 요소들을 대조하고 참조하면서 무엇보다도 문화적 현실에 대한 비판적 관점에서 미래를 고민하는 데 집중한다. 데 카를로는 '참여'를 거주공간으로 계획된 장소와의 대조로 제시하며 '프로젝트의 내용'에 대한 관심을 불러일으키고 몇몇 상식적인 관점의 무용성을 폭로한다. 저자에 따르면 이 이야기를 써 내려가기 위해 필요한 것은 반-영웅이다.

『참여의 건축』에서 분명하게 드러나는 것은 합리주의 사고방식의 문제점들을 수정하려는 태도다. 아울러 데 카를로는 건설 논리에 축적되어 있는 '인위적인 균형'의 전모를 폭로하고 이러한 해체 작업을 토대로 현실을 향한 또 다른 태도와 가능성을 모색한다. 특히 설계자의 역할을 지속적으로 성찰해야 하는 필요성을 강조하면서 이 역할의 중요성을 어떤 식으로든 소홀히 할 수 없으며 이를 수용하는 태도에는 설계와 관련한 일련의 질문이 항상 뒤따라야 한다고 주장한다. 놀라운 것은 이러한 측면이 오늘날 특별히 중요해졌다는 사실이다. 여기서 특별히 주목해야 할 것은 데 카를로가 건축가의 역할을 무력화하기보다는 오히려 확장한다는 점이다. 그는 건축가의 과제를 좀 더 방대한 기획 과정[5]과 직결시키는 동시에 건축의 성격이 예외적이라는 문제점

---

5   "사실, 그곳(마테오티 마을)은 단순히 그 결과 때문에 중요한 것이 아니라 그것을 가능하게 만든 과정 때문에 중요하다." 만프레도 타푸리Manfredo Tafuri, 『이탈리아 건축사, 1944~1985 Storia dell'architettura italiana. 1944~1985』, 1986, Einaudi.

과 이로 인해 건축의 언어가 스스로 방어 체계를 구축하는 방향으로 나아갔다는 사실을 폭로한다. 이러한 문제점은 데 카를로가 말년에 쓴 글들에서도 강조했던 부분이다.[6]

『참여의 건축』에는 저자의 또 다른 글 두 편이 실려 있다. 하나는 리미니Rimini의 구시가지 형성 경로를 다루며 다른 하나는 테르니의 마테오티 마을[7]에 관한 이야기다. 이 두 편의 글이 함께 수록된 이유는 참여의 건축에 대한 개념적인 사고와 설계의 구체적인 경험이 제시하는 세부 사항들을 비교하는 데 유용하기 때문이다. 실제로 이론과 실천은 데 카를로의 탐구에서 항상 통일된 형태로 드러난다는 점을 기억할 필요가 있다. 이 두 편의 글에서 일관적으로 부각되는 것은 건축 설계를 하나의 과정으로 전환해야 할 필요성,

---

[6]   "(농경 사회에서는) 많은 이들이 주거 문화에 직접 참여하는 경우가 아주 일반적이었다. 건축업에 종사하지 않는 사람들도 대부분 건축에 대한 풍부한 지식을 갖추고 있었고 벽을 쌓아 올리는 기술이나 벽돌을 조합하는 방식과 재료 등을 관찰하며 기능과 차이를 평가할 줄 알고 양적 측면과 미적 측면을 식별할 줄 알았다. 하지만 이러한 유형의 지식은 서서히 사라졌고 건축은 건축가의 예외적이고 전문적인 분야가 되어 버렸다. 그 후 르네상스 시대에서 계몽주의 시대를 거쳐 산업화 시대에 이르기까지 다양한 시대의 문화와 권력층의 성격에 따라 정도를 달리하며 점차 예술가, 전문가, 기술자의 전유물이 되어 갔다. 이러한 변화는 여전히 진행되고 있고 산업화 이후 시대에도 건축가는 점점 더 예외적인 존재가 되고 있다. 표면적으로는 '포용'할 수 있는 역량을 갖춘 것처럼 보이지만 이는 사실상 '흡수'하려는 성향에 불과하다."(잔카를로 데 카를로, 「참여를 통한 설계La progettazione partecipata」, 마리아넬라 피르치오, 비롤리 스클라비Marianella Pirzio, Biroli Sclavi 편저, 『도시계획의 모험. 주민들이 참여하는 도시 설계Avventure urbane. Progettare la città con gli abitanti』, 2002, Elèuthera.

[7]   데 카를로의 논문 「기획과 참여: 리미니의 경우Progettazione e partecipazione. Il caso Rimini」(pp.79~101)는 원래 데 카를로가 다른 저자들과 함께 출판한 『이탈리아 도시계획의 병든 뿌리Le radici malate dell'urbanistica italiana』(1976, Moizzi)에, 『테르니의 마테오티 마을 Il Villaggio Matteotti a Terni』(pp.103~136)은 로도비코 메네게티Lodovico Meneghetti 편저 『도시 문화 입문Introduzione alla cultura della città』(1981, Clup)에 수록되어 있었다.

즉 설계를 도시와 시민 사이에 존재하는 다양한 유형의 긴장에 귀 기울이고 이를 수용하며 조합할 수 있는 하나의 열린 작품으로 만들어야 한다는 요구다. 그런 차원에서 경험은 개념들의 정확한 뜻을 발견하고 정립하기 위해 쓰이지만 이 설계 개념들은 건축의 과정과 결과에 실질적으로 기여하는 도구에 상응할 때에만 유용하다. 이 두 실례를 바라보는 저자의 관점은 사실상 일반 서민의 관점과 일치하며 항상 비판적이고 실망을 감추지 않는다. 그는 실패라고 볼 수밖에 없는 부분을 당당하게 실패로 인정하며 전개되는 상황을 분석하고 합리적인 해석을 제시하기 위해 노력한다.『참여의 건축』에서 언급될 뿐 아니라 실례를 들어 설명하는 챕터에서 분명하게 드러나는 것은 다름 아닌 '선택의 용기'다. 데 카를로는 리미니에 관한 챕터에서 '참여'가 분명하게 정립되기 위해서는 건축가의 '역할 선택'이 중요하다고 주장한다. 연극에서 사용되는 이 비유적 표현은 두 가지 이유에서 특별히 중요하다. 첫 번째는 설계의 정의에 대한 중요성에 지나치게 얽매이는 설계 방식, 즉 설계 우선주의라는 도식이 파괴되었다는 점을 선언하기 때문이다. 결과적으로 설계자는 더 이상 대본 없이 무대에 올라야 하고 따라서 어떤 역할을 해야 하는지 스스로 결정해야 한다. 두 번째는 건축이 오랜 세월에 걸쳐 간직해 온 전혀 다른 차원의 연극적 비유[8]에서 벗어나야 하고 결과적으로 중요한 것은 무대가 아

---

8   "나는 항상 공간이 사람보다 훨씬 더 강하고 고정된 무대가 이야기의 전개 과정보다
     훨씬 더 강하다고 주장해 왔습니다. (......) 이 모든 것을 나는 연극에 비유하곤 했습니다.
     사람들은 극장 조명이 밝아질 때 무대 위로 등장하는 연극배우에 가깝죠. 이들은

니라 배우이며 그의 연기라는 점을 선언하기 때문이다.

데 카를로가 '참여의 건축'을 전개하면서 건축의 문화적이고 도구적인 역할을 고집했다는 사실은 테르니의 '폴리안테아 갤러리Galleria Poliantea'에서 두 번에 걸쳐 열린 전시회의 사진을 통해 확인할 수 있다. 1972년에 열린 첫 번째 전시회에서는 일곱 가지 주택 설계 완공 사례 이미지들이 소개되었으며, 이는 공간의 질과 삶의 질이 일치하는 경우의 표본으로 제시된다. 이 전시회를 통해 분명하게 드러나는 것은, 설계와 참여 과정의 초기 단계에서 목표는 주어진 현실에 얽매이는 협소한 상상력의 세계를 해체하여 표준화되지 않고—적어도 국립 보험 공단 산하 주택 공사INA-Casa가 제시하는 모형과는 다르고—다양한 동시에 구체적인 가능성을 일별할 수 있도록 만드는 것이었다는 점이다. 1973년에 열린 두 번째 전시회에서는 마테오티 마을의 설계 및 기획 과정이 소개되었다. 이 전시를 통해 확인할 수 있는 것은 이 과정이 여러 단계를 거쳐 미래의 거주민이 원하는 바가 공간적으로 구현되었을 때의 모습을 입주에 앞서 그들에게 다양한 형태로 보여 주면서 전개되었다는 점과 사람들도 참여의 건축을 그런 식으로 이해했고 이른바 '현실적인 유토피아'로 경험했다는 점이다.

여러분을 어떤 이야기 속으로 끌어들이기 위해 노력하지만 여러분은 이 이야기의 바깥에 머무는 이방인이고 결국에는 이방인으로 남을 수밖에 없습니다." 알도 로시Aldo Rossi, 『과학적 자서전Autobiografia scientifica』, 2009, Il Saggiatore, p.78.

반-영웅

'참여'를 중요하게 생각하는 관점은, 데 카를로가 강조했듯이, 1970년대의 일반적인 성향이었고 문화의 모든 단층에 깊이 침투해 있었다. 시민의 저항 운동을 통해 드러난 것은 모든 영역과 단계에서 열린 '토론'이 이루어져야 한다는 당위성이었다. 건축은 특히 사회학과 밀접한 관계를 유지했다.[9] 데 카를로 역시 마테오티 마을을 설계하기 위해 참여 과정을 사회학자 도메니코 데 마시와 함께 세부적으로 계획했다. 건축 설계 분야에서는 '참여' 자체에 관한 다양한 입장들, 예를 들어 참여를 위한 설계나 참여를 통한 설계를 주장하는 입장이 있고, 참여를 하나의 작업 도구로 여기는 입장, 참여를 이른바 사회라는 배경으로 간주하는 입장, 참여의 의미를 일상에서 발견하려는 입장, 참여를 해석[10]하는 입

9   "1968년 이후, 서방 세계를 지배했던 일종의 지상 명령은 바로 '참여하라'였다. (......)
     예를 들어 르코르뷔지에Le Corbusier는 설계를 시작하기 전에 사회학자인 송바르
     드 로Chombart de Lauwe에게 설문 조사를 의뢰하곤 했다. 빛나는 도시가 그랬고
     무엇보다도 페사크Pessac가 그랬다."(도메니코 데 마시Domenico De Masi, 「참여와
     설계Partecipazione e progetto」, 마르게리타 구초네Margherita Guccione, 알레산드라
     비토리니Alessandra Vittorini 편저, 「잔카를로 데 카를로. 건축의 이유Giancarlo De
     Carlo. Le ragioni dell'architettura」, 2005, Electa-Darc, p.66.

10   예를 들어 참여에 관심을 기울였던 오스발트 마티아스 웅거스Oswald Mathias Ungers가
     「계획의 기준Criteri di progettazione」(《로투스 인터내셔널Lotus international》, 11호,
     1976, p.13)에서 표명했던 입장을 참조하기 바란다. 반면 알도 로시는 의견이 전혀
     달랐다. 이와 관련하여 로살도 보니칼치Rosaldo Bonicalzi는 「건축과 도시에 관한
     글 모음Scritti scelti sull'architettura e la città 1956~1972」(1975, Quodlibet 2012,
     pp.XX~XXI) 증보판 서문에서 이렇게 설명했다. "로시는 계몽주의 시대의 건축이 당대
     현실을 구성하는 관념적이고 실질적인 문제들의 밀접한 연관성을 표현할 줄 알았다는
     점에서 소중한 교훈을 얻었고 계몽주의 시대의 건축과 현대 문화의 과제 사이에
     존재하는 뿌리 깊은 결속력을 발견했지만 한편으로는 이러한 문화 모형에 오류 혹은
     위험한 왜곡 현상이 실재한다는 사실을 깨달았다. 이러한 왜곡 현상은 바로 문화적
     선택과 공동체 간의 단절이었다(놀라운 것은 이러한 현상이 다른 분야에서도, 예를

장 등이 존재한다. 단지 이러한 입장들은, 데 카를로의 입장을 포함해서, 체계화되기 힘들다는 특징을 지닌다. 이는 무엇보다도 시간이 흐르는 가운데 다양한 방식으로 등장하는 텍스트, 설계 방식, 건축 아이디어 등이 모두 통합되는 순간을 포착하기 힘들기 때문이다.[11]

참여에 대한 데 카를로의 관점은 다차원적이다. 그의 시각을 특징짓는 것은 참여 자체의 무분별한 도구화와 모호

들어 음악에서도 일어났다는 점이다). 모더니즘 운동의 예술가들이(아마도 클레의 꿈이나 아돌프 루스Adolf Loos의 주장처럼) 고발했던 이러한 단절 현상은 오늘날 예술의 대중화에 대한 선동적인 논의에서 다시 등장한다. 이런 논의는 낙후된 대중 문화주의로 빠져들지 않는 이상, 참여라는 신비주의적인 용어에도 불구하고, 무능력하기 때문에 포기하거나 정확한 책임을 회피하는 성향, 오늘날 현대 건축 문화의 열악한 조건 등을 그대로 드러낸다. (......) '자율'과 '참여'는 어쨌든 상충하는 용어가 아니며 오히려 모순된 현실에서 유일하게 가능한 특징에 가깝다. 그런 의미에서 신고전주의 건축은 사실주의적인 동시에 대중적인 예술이었다고 볼 수 있다. 왜냐하면 시민이 참여했기 때문이 아니라 발전의 기류 속에서도 전통 문화의 가치를 알아보고 이를 전형적이고 뚜렷한 언어로 표상할 줄 알았던 성장 계층과 사회 진보적인 움직임의 표현이었기 때문이다."

11 예를 들어 마테오티 마을의 건물과 베네치아의 마초르보Mazzorbo (1979~1997)에 건설된 건물들을 비교해 볼 수 있다. 두 사례 모두 거주민의 목소리에 귀 기울이려는 의지가 건축에 큰 영향을 끼친 경우였지만 여기서도 분명한 차이점들이 드러날 뿐 아니라 청취 방식도 달랐던 것으로 나타난다. 마초르보에서 영웅으로 부각되었던 것은 건축이 아니다. 이곳의 건축은 르코르뷔지에의 접근 방식과 거리가 멀고 오히려 마초르보 주민이 요구하고 상상했던 이미지에 더 가깝다. 여기서 건축이라는 도구는 더 이상 삼차원적인 구성의 다양한 가능성을 표현하는 데 그치지 않는다. 건축은 오히려 현장의 이미지를 토대로 형성된다. "몇 년 뒤에는 마르초보에 서민을 위한 공공 주거 단지가 건설되었습니다. 도시계획 부장 살차노Salzano가 주도한 것으로 기억하는데, 설계 단계에서 섬 주민과 토론을 했죠. 이러한 형태의 참여가 이루어진 건축과 도시계획 사업이 베네치아에서는 처음이었습니다. 기획과 도시계획을 맡은 건축가가 자신의 설계 내용을 두고 미래의 입주자들, 주변 지대의 주민과 의논하는 장면이 연출되었죠. 당시에는 굉장히 보기 드문 일이었습니다. 건축학과 학생이나 교수들 입장에서도 생소할 수밖에 없는 경험이었죠."(마시모 카차리Massimo Cacciari, 「베네치아를 위한 한 건축가Un architetto per Venezia」, 마르게리타 구초네, 알레산드라 비토리니 편저, 『잔카를로 데 카를로. 건축의 이유』, 2005, Electa-Darc, p.12.

한 적용에 대한 뚜렷한 거부 반응이다. 그는 참여 과정에 규칙을 정함으로써 생길 수 있는 위험을 지적했다. 참여 과정은 고스란히 공간으로 번역되어야 한다고 생각했기 때문이다. 여기서 이탈리아적 특징들은 찾아보기 힘든 반면 오히려 잉글랜드적[12] 특징, 즉 예술적인 면에는 무관심하고 예술적 행위에 대한 고민은 없지만 창조적인 면은 소홀히 하지 않는다는 점이 눈에 띈다.

수많은 건물을 설계하고 지은 데 카를로는 자신의 의문과 고뇌, 비판적인 관점을 글로 표현하며 그가 프로젝트의 토대로 여기는 그의 입장에 대한 이성적 근거를 끊임없이 탐구했다. 그가 지닌 건축 개념은 혼란스러운 상황을 거치며 체득한 것으로 전투적이며 상식에서 벗어나려는 자세, 주어진 사실에 순응하는 태도에 대한 비판적인 입장을 기반으로 구축된 것이다. 그가 공간 사용자에 대한 질문을 끊임없이 던지는 것도 바로 이 때문이다. 데 카를로에 따르면, 건축적인 사고에 참여하고 건축에 의미를 부여하며 건축을 변화시키고 경험하고 요구하고 욕망하는 주체가 바로 이 공간 사용자다.

12　잉글랜드의 문화가 데 카를로의 건축 사상에 끼친 영향은 그가 기획한 건축 총서 「도시의 구조와 형태Struttura e forma urbana」의 일환으로 번역되고 출판된 수많은 논문에서 발견할 수 있다. 주목할 만한 논문에는, 패트릭 게데스Patrick Geddes의 「진화하는 도시Città in evoluzione」, 콜린 로우Colin Rowe와 프레드 코에터Fred Koetter의 「콜라주 시티Collage City」, 크리스토퍼 알렉산더Christopher Alexander의 「형태의 조합에 관한 노트Note sulla sintesi della forma」, 세르주 체르마예프Serge Chermayeff와 알렉산더 초니스Alexander Tzonis의 「집단적 정주 환경의 형태La forma dell'ambiente collettivo」, 레이먼드 언윈Raymond Unwin의 「도시계획의 실무La pratica della progettazione urbana」, 케빈 린치Kevin Lynch의 「영토의 의미와 공간의 시대Il senso del territorio e Il tempo dello spazio」 등이 있다.

『참여의 건축』이 출판된 1972년에 데 카를로는 쉰셋이었고 건축과 도시계획 분야에서 꽤 많은 업적을 이룬 건축가였다. 그는 1951년부터 우르비노의 자유 대학 총장이었던 카를로 보Carlo Bo와 협력하며 우르비노에 다수의 대학 건물과 대학 기숙사를 지었다.[13] 1964년에는 우르비노의 도시계획을 체계화했고(1994년의 제2차 도시계획 역시 데 카를로가 작성했다) 1970년에 메르카탈레Mercatale 광장 건설에 참여했다. 이 외에도 수많은 건축물을 설계했고 특히 우르비노 언덕에 위치한 주택 단지 세 곳이 데 카를로의 작품이다. 라 피네타La Pineta라고 불리는 이 주거 지역은 같은 언덕에 들어선 카 로마니노Ca' Romanino 단지와 함께 르코르뷔지에 건축의 '재해석'을 시도한 사례로 손꼽힌다. 데 카를로는 1968년에『뒤집힌 피라미드La piramide rovesciata』를 출판했고 같은 해에 제14회 밀라노 트리엔날레 기획위원으로 발탁되었다. 이때 데 카를로가 초빙했던 인물로 알도 반 에이크Aldo van Eyck, 앨리슨과 피터 스미슨Alison & Peter Smithson, 휴 하디Hugh Hardy, 아키그램Archigram 그룹, 솔 바스Saul Bass, 죄르지 케페스György Képes, 조르주 칸딜리스Georges Candilis, 샤드락 우즈Shadrach Woods 등이 있다. 하지만 '대규모Il grande numero'[14]라는 주제로 열릴 예정이었던 전시회는

---

13   "데 카를로의 입장에서는 우르비노 기숙사의 브루탈리즘도, 같은 도시에 있는 새로운 교육 대학 건물의 우아함도 하나의 규범으로 환원될 수 없었다. 그에게 중요한 것은 훈련을 통한 접근 방식에 신빙성을 제시할 수 있는 어떤 방법과 무엇보다도 엄격성의 탐구였다." 만프레도 타푸리,『이탈리아 건축사. 1944~1985』, 같은 책.

14   제14회 밀라노 트리엔날레에 대해서는 파올라 니콜린Paola Nicolin의『종이로 만든 성. 제14회 밀라노 트리엔날레Castelli di carte. La XIV Triennale di Milano』, 1968,

개막식 당일 전시회장이 시위대에 점거당하고 파괴된 뒤 취소되고 말았다.

뒤이어 데 카를로는 1970년 오사카 엑스포에 참석했다. 일본의 메타볼리즘 건축 운동을 기념하기 위해 열린 이 엑스포에는 도시 관리가 상호적으로 이루어지는 미래의 '참여 도시Participation City'를 출품했다.[15] 데 카를로는 『참여의 건축』을 출판한 1972년에 테르니 마테오티 마을(1969~1975)의 설계와 건설을 위해 일하면서 산 줄리아노San Giuliano 마을과 리미니의 도심에 적용할 중심지구상세계획(1970~1972)을 작성했다. 이 두 종류의 경험은 그가 자신의 생각을 구축하고 실험하고 확인할 기회인 동시에 참여의 건축이 지니는 모호한 측면을 생생하게 느낄 수 있는 기회였다(마테오티 마을은 일부분만 실현되었고 전체 기획은 리미니의 행정 당국에 의해 무산되고 말았다).[16]

그의 모든 경험에서 건축 사용자들의 '존재'는 어떤 현실을 디자인하는 상부 구조가 아니라 항상 현실에 귀 기울이는 문제로 부각된다. 예를 들어 '최소 주거 공간existenzminimum' 개념을 비판하며 사람들이 원하는 것은 최소가 아니라 최대라고 주장하는 입장,[17] 우리가 사고해야 할

Quodlibet 2011 참조.

15   렘 쿨하스Rem Koolhaas, 한스 울리히 오브리스트Hans Ulrich Obrist, 『저팬 프로젝트 메타볼리즘이 말하다…… Project Japan Metabolism Talks…』, 2011, Taschen, p.519.

16   기획이 무산되는 과정에 대한 증언들은 《파라메트로Parametro》 1975년 9~10월 39/40호에 실렸고 뒤이어 단행본 『데 카를로가 계획한 리미니Rimini secondo De Carlo』에 실려 출판되었다. 특히 사설 「리미니 이후Da Rimini in poi」를 참조하기 바란다.

17   데 카를로, 『건축의 관중』, 같은 책.

대상은 현실적 인간이지 이상적 인간이 아니라는 관점, 건축의 핵심은 '기능'이 아니라 '사용'이라는 관점, 해당 프로젝트는 다양한 가능성을 조합할 수 있어야 하고 설계가 적용되는 무질서하거나 이질적인 방식들도 고려해야 한다는 관점, 의견 충돌을 한계가 아닌 기회로 간주하는 관점 등이 바로 데 카를로가 자신의 참여 개념과 반-영웅적 관점, 즉 또 다른 가능성을 구체적이고 비판적인 차원에서 끊임없이 모색하는 관점을 구축하기 위해 기반으로 삼는 원칙들이다. 여기서 요약된 관점들은 일련의 결과로 이어진다. 우선 참여는 건축적인 아이디어를 고안하는 단계에서 실현하는 단계, 아울러 계획안을 수용하는 참여자의 실질적인 삶에 이르기까지 건축 과정 전체에 침투한다. 결과적으로 계획안은 일종의 시도로 간주되며 단순한 창조 행위보다 훨씬 더 진지한 노력을 요구한다. 따라서 건축은 완성된 순간에 평가할 수 없다. 다시 말해 텅 빈 상태에서 마치 불경한 사용만 아니라면 영원불멸할 것처럼 보이는 순간에 평가할 수 없으며 따라서 차후에 그 안에서 자신의 시간을 보내는 사람에 의해, 그 공간을 자기만의 공간으로 소화하는 사람에 의해 평가되어야 한다.

「참여를 통한 설계La progettazione partecipata」[18]라는 제목의 논문에서 데 카를로는 두 가지 원칙을 제시했다. 첫 번째, "참여의 이론은 필요 없다. 단지 자율성에서 벗어나기 위한

18   데 카를로, 「참여를 통한 건축계획」, 같은 책.

에너지가 필요할 뿐이다."[19] 두 번째, "참여에 대한 훌륭한 건축가의 답변은 분명히 개인적일 수밖에 없다." 본질적인 차원에서 참여의 건축은, 1970년대의 상황과 참여가 시도되거나 구체화되는 경험들의 단계를 넘어서면, 프로젝트와 기획자에 대한 비판적인 점검의 가능성을 열어주었다고 볼 수 있다. 참여의 건축은 공간에 동화될 것을 권고하는 일종의 초대에 가깝다(그런 의미에서 재생 양피지만큼 좋은 모형은 없다). 따라서 참여의 건축은 어떤 구체적인 역할의 경로에서 벗어난 일탈을 뜻하며 자신의 세계 안에 타자의 욕망을 구축하기로 하는 용기 있는 선택을 의미한다.

인위적인 균형

설계라는 개념 속에 침전되어 있는 인위적인 균형은 데 카를로가 참여에 대해 언급한 논문들의 실질적인 주인공이라고 할 수 있다. 데 카를로에 따르면 건축은 자율적이지 않으며 외부의 영향에 지배되는 활동이다. 건축과 도시계획은 둘 다 삼차원적 공간[20]의 기획을 다룬다. 하지만 도시의 본

---

19   여기서 자율성은 건축가의 자율성, 즉 건축가가 자신만의 아이디어와 기준과 예술적 감각을 토대로 설계하는 차원을 말한다. — 옮긴이

20   "...... (도시계획은) 더 이상 도시 환경만 다루거나 편의 시설의 기술적이고 기능적인 차원 또는 기념비만 다루지 않는다. 반대로 도시계획은 도시화된 영토 내부에서 건축적인 구성 체계와 형식들 사이의 상호 관계를 이해하고 분석하며, 이러한 관계들의 복잡한 게임에 뛰어들어 구성 체계와 형식을 예정된 목표에 도달하도록 인도한다. 그런 의미에서 오늘날 도시계획은 건축을 포함하는 개념이다. 건축을 시간과 공간 내부에서 훨씬 더 일시적인 성격을 지닌 특별한 경우로 간주하는 것이다. 아울러 도시계획은 몇몇 인문 과학, 예를 들어 사회학, 경제학, 지리학, 인류학 등과 밀접한 관계를 유지한다. 도시계획 자체는 인문 과학이 되려는 성향을 지닌다."(데 카를로가 기획한 건축 총서

질을 구성하는 것은 복합성과 모순이다.

데 카를로는 밀라노 북부 공업 도시 세스토 산 조반니 Sesto San Giovanni(1950~1951)에 모더니즘 운동의 규범(방위, 사적 공간과 공적 공간의 관계 등)을 적용하여 노동자를 위한 아파트를 건설한 적이 있다. 얼마 후 자신이 만든 건물에서 사람들이 어떤 모습으로 살아가고 있는지 관찰하기 위해 아파트를 방문한 데 카를로는 모든 것이 잘못되었음을 깨달았다.[21] 굉장히 중요한 무언가가 빠져 있었는데 그것은 바로

『도시의 구조와 형식』의 서문) "막대기로 물줄기를 찾는 것과 같은(고대나 아메리카 대륙 개척 당시에 물줄기를 찾을 때 사용하던 일반적이고 실질적인 방식이다. 시간이 오래 걸리고 인내가 필요한 작업이라는 의미에서 쓰인 비유라고 본다.— 옮긴이) 예리하고 복합적인 작업을 통해 도시계획은 참여자의 삶에 직접적인 영향을 미치면서 인간과 공간의 지속적인 공생 관계에 조화로운 움직임을 선사한다."(잔카를로 데 카를로, 「라 마르텔라에 관하여A proposito di La Martella」, 이글은『건축의 영혼들Gli spiriti dell'architettura』, 1992, Editori Riuniti, p.71에 나오는 것으로, 1954년『카사벨라 콘티누이타』 200호에 게재되었다.

21   "(......) 설계의 틀은 확실해 보였다. 모든 주택에 최상의 주거 환경을 제공하고 모든 가정에 독립성을 최대한 보장하자는 것이었다. 그래서 거실과 침실과 테라스의 위치를 태양과 녹지대를 바라볼 수 있는 쪽에, 화장실과 발코니는 북쪽 길가를 바라보도록 배치했다. 발코니 자체는 일부러 머물기엔 좀 내키지 않도록 설계했고 사람들의 통행이 거주자를 방해하지 않도록 벽 안쪽으로 들어가게 만들었다. 나는 어느 봄날 일요일에 단지 앞 카페에 앉아 내가 지은 집에서 살아가는 사람들의 모습을 유심히 관찰한 적이 있다. 주민들이 집을 자신들만의 공간으로 만들기 위해 내키는 대로 행동하는 모습을 보고 내 계산이 틀렸음을 확인할 수 있었다. 햇빛이 들어오는 테라스는 널어놓은 빨래로 가득했고 사람들은 오히려 모두 북쪽을 바라보며 발코니 쪽에 모여 있었다. 집집마다 문 앞으로 의자와 안락의자를 들고나와 길을 가는 사람들과 서로를 구경하고 있었고 발코니에서 자전거를 타고 노는 아이들은 공간이 비좁아서 더욱더 재밌어하는 듯 보였다. 현기증이 날까 봐 설치한 난간 사이로 가끔씩 밖을 보러 나온 여성들의 미끈한 다리가 시야에 들어오곤 했다. 결국 나는 내가 준비했던 설계의 틀이, 굉장히 논리적이었다는 사실과는 무관하게, 얼마나 불확실했는지 깨달았다. 방향도 중요하고 녹지대와 빛과 독립적인 공간도 중요하지만 무엇보다도 중요한 것은 서로를 보면서 대화하고 함께 머물 수 있는 공간이었다. 무엇보다도 중요한 것은 소통이었다." 잔카를로 데 카를로, 「바베노의 주택Casa d'abitazione a Baveno」, 《카사벨라Casabella》, 201호, 1954.

소통이었다. 그는 사람들이 건축물을 코드화할 수 있는 논리로만 사용하지 않고 서로 바라보고 관계하고 소통하려는 욕망을 전제로 활용한다는 것을 깨달았다.[22] 데 카를로에 따르면 건축 작품은 완성된 다음 텅 빈 상태로 사진에 실릴 만반의 준비가 되었을 때부터 또 다른 차원의 삶을 살아간다. 설계자는 단순한 방문과 관찰과 이해만으로도 이 또 다른 삶의 향상에 지속적으로 기여할 수 있다.

데 카를로는 이탈리아 남부 도시 마테라Matera의 스피네 비앙케Spine Bianche 구역에서 주상 복합 건물(1956~1957)을 설계하면서 주택에 대한 당시의 일반적인 관점에서 상당히 벗어난 입장을 취한 적이 있다. 그의 관점은 루도비코 콰로니Ludovico Quaroni가 라 마르텔라La Martella 마을을 건설하며 보여 주었던 것과도 달랐고 데 카를로가 일하고 있던 같은 구역의 설계 공모 우승자 카를로 아이모니노Carlo Aymonino가 제안했던 것과도 달랐다. 데 카를로는 새 건물에 입주할 사람들과 대화를 나눈 뒤 이들이 원하는 것은 품위 있는 주거 환경과 어떤 이야기가 담겨 있는 집 또

---

22   "특히 반에이크는 소통을 용이하게 하기 위해 공간을 어떻게 활용해야 하는지 고민했습니다. 그는 모더니즘 운동의 코드화 성향을 혐오했습니다. 예를 들어 인간은 집에서 '먹고' '요리하고' '자는' 반면 노동이나 오락은 다른 곳에서 한다는 식의 사고방식을 싫어했죠. 그래서 그는 인간의 삶에서 실제로 일어나는 대로, 혹은 그래야 하기 때문에, 인간의 모든 활동이 중첩될 수 있는 복합적인 주거 공간의 기반을 닦으려고 노력했습니다. 본질적인 차원에서 우리가 거부하는 것은 특수화 성향, 즉 공간뿐만 아니라 인간의 삶 자체를 특수화하려는 성향입니다. 우리가 이러한 성향을 위험하다고 보는 이유는 사람들을 건조하게 만들고 사회적 분리를 조장하기 때문입니다."(데 카를로) 프랑코 분추가Franco Bunčuga, 「잔카를로 데 카를로와의 대화. 건축과 자유Conversazioni con Giancarlo De Carlo. Architettura e libertà」, 2000, Elèuthera, p.78.

는 도시의 상징적인 건축물들과 공통점이 있는 집이라는 사실을 깨달았다.[23] 결과적으로 데 카를로는 주범 양식에 대한 독창적인 아이디어를 발전시켰고 주상 복합 건물의 유형을 중정이 딸린 주거 유형과 융합하는 데 주목했다. 또한 건물의 모서리 처리에 주의를 기울이고 콘크리트와 벽돌을 사용해 현대성을 표현함으로써 뚜렷한 정체성을 드러냈다. 콰로니가 농경-도시적 조건을 찬양하고 아이모니노가 절대적이고 거의 노동자 중심의 현대성을 제안한 반면 데 카를로는 과거의 유산을 활용했고 그것을 변형하여 동시대와 소통하도록 만들면서 도시적으로 하나의 살아 있는 몸을 구축하려고 노력했다.[24] 데 카를로는 네덜란드 오테를로Otterlo에서 열린 '현대 건축 국제회의'에서 자신의 계획을 소개했고 그

---

23 "주민들은 대성당과 대주교좌만 바라보는 편이었죠. 그래서 저는 르네상스적인 분위기를 자아내는 건축물을 계획했습니다. 물론 양식적인 차원의 모방은 아닙니다. 저는 양식이 건축의 불치병이라고 생각합니다. 제가 주목했던 것은 오히려 건축의 내용과 형식 사이의 관계입니다. 과거의 한 시대에 새로운 인간 개념, 인간을 세계의 중심으로 보는 관점을 도입하며 놀라운 일관성을 표현하는 데 성공했던 건축의 내용과 형식에 관심을 기울였던 거죠. (......)그런 식으로 저는 고유한 주범 양식과 비율 그리고 지붕과 세로로 긴 창문을 갖춘 건물을 계획했습니다. 어떻게 보면 관찰자의 마음을 편안하게 해 주는 분위기의 건물이었습니다. 물론 위로가 된다는 의미가 아니라 주민에게 그 안에서 산다는 것에 대한 책임 의식을 부여한다는 의미에서 편안한 느낌을 준다는 것이죠."「루이지 아치토, 잔카를로 데 카를로와의 인터뷰Luigi Acito intervista Giancarlo De Carlo」,《시티Siti》, 1호, 2002.

24 먼 과거의 건축을 참조하는 관점, 특히 르네상스 시대의 건축에 주목하는 관점은 데 카를로의 다른 작품에서도 부각되는 측면이다. 이러한 참조는 곧 역사적인 자료를 마음껏 변형하는 작업으로 이어지며 이러한 작업은 공간적인 장치를 얻어 내고 설계의 기반을 마련하는 데 쓰인다. 우르비노에서 데 카를로가 프란체스코 디 조르조 마르티니Francesco di Giorgio Martini(1439~1501)와 나누는 일종의 도전에 가까운 대화는 그 자체로 현대성을 구축하기 위한 재생 양피지 역할을 한다. 하지만 관건은 언어, 재료, 양식 등을 재활용하는 데 있지 않고 건축적 장치들의 논리를 재활용하는 데 있다. 예를 들어 건축물 내부와 외부의 비상응성, 텅 빈 공간과 매스의 상호관계, 도시경관에 반응하는 공간의 구도 등에 관한 논리의 구축이 관건이다.

의 아이디어는 분쟁과 단절의 씨앗이 되었는데, 이는 도시에 산재하는 모순들을 해소하기엔 너무 편협해진 규범들을 더 이상 참을 수 없다는 태도에서 비롯된 결과로 여겨졌다. 이러한 정황에서 탄생한 것이 바로 '팀텐Team 10', 즉 건축을 코드화의 대상이 아니라 끊임없이 토론하고 재창조해야 할 대상으로 간주했던 이들의 모임이다.[25] 팀텐의 일원이었던 데 카를로는 단순화 과정이 인간을 개인으로만 간주하고 계량화와 규격화가 가능한 자동 기계로 여긴다는 점을 지적하면서 건축물의 사용자들이 정말 원하는 것에 대한 오해가 지속되어 왔고 무엇보다도 이와 관련해 모더니즘 운동이 구축한 상식적인 기준에 오류가 있다는 사실을 강조했다. 데 카를로에 따르면, 도시라는 기계가 '조립 라인'을 구성하는 동안 '도시', '공간', '집'에 대한 개념이 획일화되면서 대부분의 사용자들은 보편적인 질적 향상을 요구하지만 이는 좀 더 많은 비용이 들어가는 건물에 상응한다기보다는 오히려 극빈자들이 초호화 아파트를 바라보며 가지는 막연한 기대에 가깝다는 것이다.

　　테르니에 건설된 마테오티 마을은 공간의 질적 향상이 충분히 가능하다는 점을 구체적으로 보여 주는 실례라고 할

25　(팀텐의 활동과 관련하여 데 카를로의 작업에서는) "(......) 다양한 맥락에는 반드시 다양한 건축적 표현들이 상응해야만 한다는 확신, 그리고 도시의 통일적인 구조는 어떤 식으로든 도시의 다양한 기능에 상응하는 부분이나 지역으로 나뉠 수 없으며 구시가지와 확장된 신시가지, 건설된 도시와 자연환경이 불가분의 통일성을 구축한다는 확신을 엿볼 수 있다."(마르코 데 미켈리스Marco De Michelis) 안젤라 미오니Angela Mioni, 에트라 코니 오키알리니Etra Connie Occhialini, 『잔카를로 데 카를로. 이미지와 단상Giancarlo De Carlo. Immagini e frammenti』, 밀라노 트리엔날레, 1995, Electa 참조.

수 있다. 물론 이 건축물과 관련된 증언들이 사실적인 차원에서 반드시 일치하지는 않는다. 사업에 관여했던 여러 인물의 증언과 건축 과정의 기록, 준공 후에 이루어진 다양한 해석 등은 모두 마을을 건설하는 과정에 대한 이질적인 장면을 보여줄 뿐이다. 하지만 그토록 복잡하고 실험적인 기획을 실현하는 과정에서 상황은 아마도 그런 식으로 흘러갈 수밖에 없었을 것이다.[26] 사회학자 데 마시와 제철소 컨설턴

---

[26] 마테오티 마을의 건축 과정을 재구성한 건축사학자 헤르만 슐림메Hermann Schlimme과 사회학자 도메니코 데 마시의 증언과 글에서는 상이한 정보들은 물론 여러 가지 사실들에 대한 두 종류의 다른 해석을 읽을 수 있다. 예를 들어 첫 번째 만남에서 데 카를로가 제시한 제안서에는, 사회학자 데 마시의 의견을 따를 경우 열 가지 항목이 포함되어 있었지만 건축사학자 슐림이 조사한 바에 따르면 여섯 가지 항목밖에 들어 있지 않았다. 데 마시는 자신의 제안으로 개최된 첫 번째 전시회 이후 데 카를로가 입주자들이 원하는 것을 건축적 언어로 번역해 내는 데 열정적으로 임했다고 전한 반면 슐림은, 그의 논문 제목에서 분명히 드러나듯이, 참여 과정이 실패로 돌아갔으며 데 카를로는 본질적으로 설계의 여섯 가지 기초 사항을 실현하기 위해 자신의 제안이 입주자들이 원했던 바와 정확하게 일치한다는 식으로 이들을 설득했을 뿐이라고 평가했다. 무엇이 옳은 해석인가라는 골치 아픈 문제에서 벗어나기 위해 주목해야 할 것은 이 두 사람의 의견이 사실은 상충되지 않으며 이는 무엇보다도 문제의 건축물이 분명히 데 카를로의 작품이고 여러 가지 사항이, 전부는 아니더라도, 앞으로 살 주택에 관심을 기울이며 토론에 참여했던 3000~4000명에게서 나온 해결책이었기 때문이라는 사실이다. 두 입장의 보다 상세한 내용은 마르게리타 구초네와 알레산드라 비토리니의 『잔카를로 데 카를로. 건축의 이유』에 실린 데 마시의 논문 「참여와 설계」와 헤르만 슐림의 논문 「잔카를로 데 카를로의 '새로운 마테오티 마을'. 실패한 참여 운동과 건축의 걸작'Nuovo Villaggio Matteotti' a Terni di Giancarlo De Carlo. Partecipazione fallita e capolavoro di architettura」(Roma, Bibliotheca Hertziana)을 참조하기 바란다. 일이 실제로 어떻게 진행되었는가에 대해 데 카를로는 설계 제안을 수락할 때 설계 자체가 참여 과정을 바탕으로 이루어져야 한다는 조건을 먼저 내세웠던 사람이 바로 자신이었다는 입장이다. 데 마시가 자신이 제안했다고 주장하는 전시회에 대해 데 카를로는 이렇게 말했다. "제가 출발선에서 제시한 건 일곱 가지 기획안이었습니다." 데 카를로의 인터뷰 내용은 다음 영상을 참조하기 바란다. 「잔카를로 데 카를로, 카를로 아이모니노, 알도 로시, 비토리오 그레고티, 세 개의 위대한 건축 설계, 네 명의 위대한 건축가. 30년 이후Giancarlo De Carlo, Carlo Aymonino, Aldo Rossi, Vittorio Gregotti. Tre grandi progetti. Quattro grandi architetti. 30 anni dopo」(마시모 카사볼라Massimo Casavola 편집, 오디노 아르티올리Odino Artioli 감독, 라이 사트 아트Rai Sat Art 제작,

트인 체사레 데 세타Cesare De Seta의 제안으로 제철소 간부들은 오래된 마테오티 마을에 노동자와 사무원들이 입주할 새로운 주택 단지를 주민 참여에 입각해 설계하고 건설하는 임무를 데 카를로에게 일임했다. 데 카를로가 첫 번째 만남에서 제시한 제안서에는 설계 기준에 관한 여섯 가지 항목이 포함되어 있었고 이 항목들의 핵심을 뒷받침하는 개념은 '저층-고밀도low level high density'[27]였다. 그렇게 입주자들과의 만남과 회합이 시작되었지만 새로운 주택 단지에 입주할 시민들은 이렇다 할 의견을 내놓지 못했다.

데 마시의 증언에 따르면 "건축을 경험해 보지 않은 사람들에게 어떤 유형의 집과 동네를 원하는지 묻는다는 것은 곧 제대로 된 답을 들을 수 없다는 의미였다. 예를 들어 의사의 집이라든지 평범한 노동자의 집 정도면 괜찮은데 그보다는 좀 더 널찍하고 타일도 좀 더 많이 깔려 있고 편의 기구도 좀 더 잘 갖춘 집이면 좋겠다는 식이었다."[28]

Università degli Studi "La Sapienza", Mediateca)

27 슐림은 그의 논문에서 데 카를로가 요나스 레만Jonas Lehrman의 글 「주택: 저층-고밀도Housing: low level-high density」(《아키텍처럴 디자인Architectural Design》, 2호, 1966, pp.80~85)에 관심이 있었다는 점을 지적하면서 레만의 다음과 같은 문장을 인용했다. "주지하듯이, 도심에서 주택의 질을 좌우하는 요소는 안정성(보행자와 차량의 동선이 분리되어야 한다는 점), 편의성(어떤 동네든 그 동네에 적합한 주택의 유형들이 충분히 다양한 형태로 주어져야 한다는 점), 시각적 흥미(건물과 공간), 그리고 활동의 종류와 갈 만한 장소의 다양성(어떤 동네든 직장, 상점, 공공 활동, 대중교통이 집중되어 있는 공간과 너무 멀어서는 안 된다)이다." 슐림에 따르면 "데 카를로가 제안하는 것은 유전자형-표현형genetipo-fenotipo의 게임을 토대로 서서히 한 단계씩 구조적이거나 알고리즘적인 방식으로 구체화되는 건축이다." 더 나아가 "우리는 결과적으로 일종의 '의도적인 역설'을 목격한다. 체계적으로 발전시켰을 뿐 아니라 세밀하게 적용된 삼차원적인 규칙들을 활용하면서 데 카를로는 결국 정반대 효과, 즉 우발적인 미학의 효과를 얻어 낸다."

28 데 마시, 「참여와 설계」, pp.66~67. "일반적으로 노동자들은 자신들이 요구할 수 있는

바로 그런 이유에서 관계자들은 일련의 전시회가 주민들의 상상력을 자극할 수 있다는 데 주목했고, 주민들에게 건축의 여러 가능성을 이야기하며 '타일의 문제'를 넘어설 수 있는 기회를 마련하기 위해 전시회를 열었다. 참여 과정은 그런 식으로 결실을 맺기 시작했다. 공간을 주제로, 공간의 가능한 구도와 고유의 논리를 주제로 토론이 전개되었고, 데 카를로는 입주자들이 취향에 따라 선택할 수 있도록 다양한 주택 유형 마흔다섯 가지와 변형된 유형 몇 가지를 제시했다.

특히 한 뼘이라도 땅을 소유하고 싶어 하는 입주자들의 욕구를 데 카를로는 테라스로, 다시 말해 일정한 크기로 모든 가구에 할당되는 진정한 의미의 정원으로 충족시켰다. 이런 식으로 공간을 세분화하는 방식은 오늘날에도 상당히 수준 높은 아이디어로 간주된다. 이렇게 데 카를로는 참여자들의 토론에서 부각된 또 다른 가능성을 선택하고 실현하는 방향으로 나아갔다. 그 결과 실현된 것은 입주자들이 원하는 바를 건축적으로 번역한 내용과 설계자의 몇몇 개인적인 선택, 예를 들어 합리적으로 배치한 설비 혹은 대각선으로 설치한 서비스 동선처럼 그 당시 대표적 장치들이 융합되는 형태의 건축이었다. 하지만 새로운 주택 단지 건설 계획은 전체 기획의 4분의 1만 완성된 상태에서 중단되었다. 실현 과정에서 옛 주택 단지를 살려야 한다는 목소리가 대

것보다 항상 덜 요구하는 성향이 있었다." 「잔카를로 데 카를로, 카를로 아이모니노, 알도 로시, 비토리오 그레고티, 세 개의 위대한 건축 설계, 네 명의 위대한 건축가. 30년 이후」 영상 참조.

두되었기 때문이다. 1961년에 결성된 좌파 조직 '투쟁은 계속된다!Lotta Continua!'가 이 사업이 너무 많은 주택을 한곳에 집중시킨다고 비판하면서 사업 중단을 주장하고 나섰고 시청도 사기업이 공기업보다 더 나은 건물을 만들고 있으며 그 과정에서 건축의 질에 대한 기준을 모호하게 만들 수 있다는 우려 때문에 좌파편을 들어 주었고, 테르니의 주교도 이 사업의 배경이 공산주의라는 확신 아래 오히려 좌파 조직을 열성적으로 지지했다. 30년이 지난 뒤에 데 카를로는 일부만 실현된 기획[29]의 가치에 대해, 그것도 오랜 세월이 흐른 뒤에 어떤 평가를 내려야 할지 모르겠지만 가끔은 미완성 작품에서도 어떤 의미를 발견할 수 있으며 이 경우에 물리적 공간과 그 안에서 살아가는 사람과의 강렬한 결속력에서 그 의미를 찾을 수 있다고 밝혔다.

「기획과 참여: 리미니의 경우」는 도시 내부의 모든 건축물을 검토하며 도시의 개념 자체를 재정립하는 과정을 보여 주며 테르니의 경우와 여러모로 유사한 파급 효과를 나타냈다. 수년에 걸쳐 진행된 도시계획은 실제로 아무것도 실현되지 않았지만 그래도 참여 자체는 효과가 있었고 도심에 대한 사람들의 이해도 새로운 의식으로 다시 태어났다.[30]

---

29 「잔카를로 데 카를로, 카를로 아이모니노, 알도 로시, 비토리오 그레고티, 세 개의 위대한 건축 설계, 네 명의 위대한 건축가. 30년 이후」 영상 참조.

30 "이탈리아의 도시계획이라는 죽은 늪에서 리미니 중심 지구 계획은 일종의 유익한 충격을 전해 준다. 왜냐하면 다수 계층의 수동적인 자세와 모든 것을 미래의 유토피아에 연계하는 저항 세력 사이에는 구조적으로 전복적이지만 사실적이고 구체적인 변화 가능성이 있음을 보여 주기 때문이다." 브루노 제비Bruno Zevi, 「건축 연대기. 클로드 파랑의 사선 처리에서 런던의 브런즈윅 센터까지Cronache di architettura. Dalle obliquità di Claude Parent al londinese Brunswick Centre」, 1979, Laterza, vol.16,

리미니에서의 경험을 다루는 데 카를로의 글에서 가장 흥미로운 부분은 바로 말라테스테 신전에 관한 이야기다. 이 경험은 데 카를로가 마테라에서 발전시켰던 것과는 정반대되는 결과로 이어졌다. 이는 그가 정형화된 규칙들을 토대로는 결코 작업에 임하지 않으며 그에게 규칙은 오로지 도시에 귀를 기울이는 것, 따라서 특정 도시를 사람들이 어떤 방식으로 느끼는지 듣는 것뿐이라는 사실을 보여 준다.[31]

마테라에서는 기념비적 건물들이 시민의 입장에서 지속적인 주목의 대상이었지만 리미니에 있는 알베르티Leon Battista Alberti의 신전은 역사적인 이유에서, 그리고 이 건축물을 고립시킨 도시계획적인 차원의 문제점들 때문에 더 이상 중심 요소나 주목 대상으로 인식되지 않는다. 알베르티의 신전은 역사적이고 건축학적인 가치를 평가할 때에만 의미가 있으며 이는 전적으로 다른 영역의 일이다. 특정 위치에서 고립된 상태로 분명하게 노출되어 있는 기념비적 건물은, 현대 사회가 도시는 원래 무질서하다는 것을 망각하는 사이에 구체화된 질서의 관념이 낳은 결과들 가운데 하나다. 이 무질서와 대화하고 소통할 수 있는 길을 찾는 것이 바로 참여의 기획이 해야 할 일이다.

---

pp.885~952.

31   "결과적으로 이탈리아에서 기초적인 도시 사업은 다름 아닌 '기초'부터, 즉 밑바닥에서부터 전개되기 시작했습니다. 그런 식으로 오늘날에는 당연하게 받아들이지만 몇 년 전에는 그렇지 않았던 진리, 즉 영토는 언제나 권력층에 유리하고 일반 서민 계층에게 불리한 방향으로 분석되고 변형되고 구성되고 착취된다는 진리를 스스로 발견했던 거죠."(데 카를로, 「기획과 참여: 리미니의 경우」) 데 카를로, 『건축의 영혼들』, p.252.

총체적인 건축 혹은 부활하는 참여의 건축을 위해

오늘날 '참여'는 건축이라는 다채로운 무대에서 핵심 쟁점으로 다시 부각되고 있다. 현대 문화에서 건축설계와 직접적인 연관이 있든 없든, 1970년대 문화를 참조하는 경우는 상당히 많이 발견된다. 새로운 위기와 함께 환경 보호 원칙에 대한 관심이 쇄신되고 자본주의와 그에 따른 기능 장애와 부작용을 비판적으로 성찰하는 등 사회 구도에 대해, 결과적으로 사회가 건축 기획 및 도시와 유지하는 관계에 대해 의문이 제기되고 있다.[32]

'참여'는 사실상 한 번도 무대에서 벗어난 적이 없다. 건축 기획이 실현되는 과정에서 규칙화되었고 아이콘의 시대였던 1980년대에도 보이지 않게 조용히 스며들었고 포스트모더니즘의 차가운 아이러니에도 살아남았다. '참여'는 특히 학문 분야에서 적절한 행동[33]의 영역을 정의하기 위해 인용되는 경우가 많았는데 무엇인가를 설명하는 대신 무엇이 아닌지 또는 무엇이어야만 하는지를 분명히 하기 위해 언급되

32 예를 들어 1966년에 창단된 건축가 협회 '아르키줌Archizoom'이 1969년에 소개했던 '초원의 도시를 위한 쓰레기 언덕Colline di spazzatura per la città di pianura'의 영향을 MVRDV 그룹이 1999년『메타시티 데이터타운MetaCity Datatown』에 소개한 「재활용 조경Landscape Waste」에서 분명하게 찾아볼 수 있다.

33 "물론 파르테논 신전 같은 건물은 수많은 사람들에게 사랑받고 로마의 비토리아노Vittoriano 같은 건물은 빈번히 조롱의 대상이 되어 왔지만 그럼에도 불구하고 유일한 진실은 취향과 해석이 문화적 맥락에 좌우된다는 것이다. 참여를 요구하는 방식은 미적 문제를 해결하는 데 부적절하다. 그런 의미에서 아름다운 단계에 도달하기 위한 최선책이라고는 볼 수 없지만, 개인의 공적인 차원이 발휘되는 도시계획의 방향을 결정하고 선택하는 곳에서만큼은 고유의 유용성을 발휘한다." 리처드 잉거솔Richard Ingersoll·크리스티나 타르타리Cristina Tartari, 「사람 없는 건축Architecture without People」《로투스Lotus》, 124, 2005, p.101.

는 성향이 짙었다.

'참여'의 회귀가 보여 주는 모습은 퇴색되어 희미해진 프레스코화에 가깝지만 그렇다고 해서 비생산적이지는 않다. 여기서 부각되는 것이 바로 미학(타고난 감지 능력)과 사회(연합, 동맹) 간의 모호하고 끝없는 갈등 관계, 창조 행위와 공적 유용성,[34] 시민의 건축과 시민을 (교육하기) 위한 건축[35] 사이의 갈등 관계다.

'참여'는 이제 어떤 구체적인 정치적 입장[36]에도 더 이상 쉽게 끼워 맞출 수 없는 깃발이 되어 버렸지만, 현대 건축의 연구 분야에서 참여가 부분적으로나마 강조하는 것은 이미 1970년대에 부각되었던 것과 사실상 일치하는 문제들이다. 그리고 여기에는 몇몇 건축가가 장수하며 기여한 바가 크다.

34　정치권력의 관리라는 차원에서 통용되는 '공적 유용성'에 대해서는 데얀 수직Dejan Sudjic의 『거대건축 콤플렉스. 부자와 권력자들은 세계를 어떤 형태로 만들었는가The Edifice Complex. How the Rich and Powerful Shape the World』(2005, Penguin Press)를 참조하기 바란다.

35　"공동체에 끈끈한 '사회적 결속력'을 부여하는 데 기여하든 개인의 복지를 연상케하는 일련의 가상현실을 제공하는 데 기여하든, 건축은 사회적인 차원에서 항상 설득의 요소를 지닌다. 건축의 목표는 단순히 사람들의 요구를 충족하는 차원을 뛰어넘어 사람들의 행동 방식을 향상하는 데 있다." 리처드 잉거솔, 크리스티나 타르타리, 「사람 없는 건축」, p.96.

36　우르비노 자유 대학 교수를 역임했고 수많은 책을 집필한 데 카를로의 친구이자 철학자 리비오 시키롤로Livio Sichirollo(그의 집을 데 카를로가 설계했다)는 저서 『하나의 분리된 현실? 정치, 도시계획, 참여Una realtà separata? Politica, urbanistica, partecipazione』(1972, Vallecchi)에서 이미 1970년대부터 분명하게 나타났던 참여와 행정 절차 간의 복잡한 관계에 주목한 바 있다. '철학과 정치'라는 주제로 시작되는 시키롤로의 글은 데 카를로가 1964년 우르비노의 도시계획(PRG)에 적용했던 참여 과정이 어떤 식으로 전개되었는지, 특히 이미 기능을 상실한 요소들, 하지만 흔히 '좌파-참여'라는 조합 속에서 은폐되던 요소들에 주목하도록 만드는 방식이 무엇이었는지 살펴보는 데 유용하다.

요나 프리드먼Yona Friedman부터 '오픈 소스 건축Open source Architecture'[37]에 이르기까지 '참여'는 설계와 건설의 영역에서 건물 사용자들을 자율적으로 만들기 위한 하나의 방편이었다. 물론 1950년대부터 오늘날까지 건축의 무대를 경험하며 유토피아와 현실의 일치라는 경로[38]를 밟아 온 프리드먼뿐만 아니라 즉각적으로 사용할 수 있는 전략들이 모두 전제하는 것은 어떤 보이지 않는 감독의 존재, 즉 개인과 수많은 시민의 요구 사항을 실현하기 위해 은밀히 도구들을 만들어 내는 감독의 존재다.

반면 리카르도 달리시Riccardo Dalisi[39]에서 루럴 스튜디오Rural Studio에 이르기까지 '참여'는 본질적으로 교육의 문제였고 집을 설계하는 사람과 집에서 살 사람을 만나게 하기 위한 방편이었다. 그런 식으로 건축에 대해 논의하고 그 실현 과정에 참여하거나 학생-건축가의 실험적인 아이디어를 통해 어떤 공동체 관념을 정립하거나 혹은 그런 단계에 접근하기 위한 시도가 이루어졌다.

우고 라 피에트라Ugo La Pietra[40]부터 1985년 다니엘 리

---

37   이에 대해서는 조셉 그리마Joseph Grima가 편집장이었을 당시 《도무스Domus》에 실린
      관련 기사들을 참조하기 바란다.
38   요나 프리드먼, 「실현 가능한 유토피아Utopies realisables」, 1974, 「복잡한 질서. 하나의
      이미지를 구축한다는 것L'ordine complicato. Come costruire un'immagine」, 2011,
      Quodlibet.
39   리카르도 달리시, 「창조적인 참여는 가능하다La partecipazione creativa è possibile」,
      《카사벨라》, 368/369호, 8/9월호, 1972, p.93. 「빈약한 기술, 집단적인 참여Tecnica
      povera, partecipazione collettiva」, 《카사벨라》, 371호, 1972, pp.40~41.
40   우고 라 피에트라가 그의 작품에서 발전시킨 참여의 개념에 대해서는 마누엘
      오라치Manuel Orazi의 논문 「밀라노는 존재하지 않는다Milan n'existe pas」(「우고 라
      피에트라. 도시에서 거주하기Ugo La Pietra. Habiter la ville」, 2009, Éditions HYX,

베스킨트Daniel Libeskind가 베네치아 비엔날레에 소개한 '건축의 세 가지 교훈Three lessons in Architecture'에 이르기까지, '참여'는 창조의 문제로, 즉 예술의 중요한 부분을 차지하며 예술의 본질적인 관계성과 직결되는 문제로 간주되었다. 예를 들어 스펜서 튜닉Spencer Tunick의 사진 작품은 벌거벗은 군중의 참여가 전제되지 않는다면 존재할 수 없을 것이다.

시간상으로 볼 때 참여 과정은 부재하는 형태로 요청될 뿐이며 건축물이 완성된 다음에야, 그리고 항의가 빗발치기 시작할 때에야 분명한 실체를 드러내는 반면 설계를 논의하는 단계에서는 흔히 최종 결과에만 집중하고 건축의 다양한 도구, 역할, 방식에 대해서는 그만큼 관심을 덜 기울이는 성향이 강하게 나타난다.

참여의 차원에서 이루어지는 건축 설계의 현대적인 실험들은 실제로 필요했던 서비스 시설의 부재에 대한 인식을 토대로 탄생하기도 했고, 몇몇 경우 프로젝트 규모가 확장되면서 작업 인력의 규모도, 결과적으로 투자 규모도 함께 확대되는 실례가 있었던 반면 다른 경우에는 기획자들이 직접 건축 의뢰의 범위를 확대하거나 거주자의 개입을 정확히 예측하여 빈 공간을 사전에 확보하려고 시도하기도 했다. 대표적인 예는 알레한드로 아라베나Alejandro Aravena의 엘리멘탈Elemental이다. 주민들이 입주할 때까지 건물의 일부를 미완성 상태로 내버려 두는 것이 특징이었던 이 건축물은 1950년대 칠레에서 실현된 일련의 작업들에서 유래하는

---

pp.30~35) 참조.

데, 아마도 투자 규모 차원에서 설계가 가장 크게 확대 적용된 경우 가운데 하나일 것이다.

거주자의 목소리에 귀 기울이는 건축가의 수는 점점 더 늘어나는 추세를 보였다. 산티아고 시루헤다 파레호Santiago Cirugeda Parejo 같은 인물은 이른바 '도시 레시피recetas urbanas'를 제시했고 라움라보어Raumlabor 그룹은 기능적인 모순과 분쟁의 요소들이 산재하는 도시 공간에 일련의 설치물을 도입하여 건축 자체에 사회적 기능의 재활을 위한 교차로 역할을 부여했다. 2010년에는 카로Karo 그룹의 '열린 도서관Open Library'이 '유럽 도시 공공 공간을 위한 상European Prize for Urban Public Space'을 받았다. 이 도서관은 애초에 건설 기술 분야에서 널리 알려졌던 기획이다. 왜냐하면 철거된 창고의 외벽을 장식하던 타일들을 재활용해서 만들었기 때문이다. 미적 관점에서 보면 결코 성공적이었다고 볼 수 없지만 건축 과정을 감안하면 전혀 그렇지 않다. 지역 주민과의 대화가 중요한 역할을 했을 뿐 아니라 주민이 건축 언어에 익숙하지 않아서 생기는 소통의 장벽이 현장에서 일대일 크기의 실물 작업이 진행되면서 허물어졌기 때문이다.

'참여하기'와 '공유하기'는 오늘날 건축에 관련된 다양한 형태의 글과 건축 현장에서, 개별 건축물뿐만 아니라 정원과 녹지대를 비롯해 부차적으로 생성되는 공간, 즉 근본적으로는 오늘날 위기 상황에 대처하기 위해 공간을 새로운 형태로 공유하는 방식들의 패러다임으로 기능한다. 오늘날 어려움이 분명하게 드러나는 사회적 상황이나 분쟁 속에서, 참여라는 문제가 그토록 뚜렷하게 부각되고 강렬하게 표명된다는 사실과 전략적으로 일종의 전문화 과정처럼 홍보된다는 사실은 오히려 참여가 지극히 당연한 현실로 여겨질 만큼 널리 전파되지는 않았음을 증명한다.

이러한 상황에서 데 카를로가 유지해 온 참여에 대한 생각이 구체적으로 실현된 경우들을 찾는다면 오히려 몇몇 흔적밖에 발견할 수 없을 것이다.

문제의 핵심은 문화 혹은 문화적 과제로서의 건축이며, 이는 참여 과정을 단순히 1970년대 건축의 정치적 특징이었던 경청의 기술로 여기는 단계에서 벗어나 이를 극복하는 과정에서 데 카를로가 도달한 지점이다.

건축 프로젝트가 사회 내부에서 하나의 과제이자 주제로 부각되어야 하고 철학자 데리다가 건축을 초등학교부터 가르쳐야 한다고 주장했듯이, 사회도 이러한 과제에 주목해야 한다는 요구는, 1980년대 이후 오늘날까지 도시와 건축이 영토 문제에만 관심을 기울여 왔음을 감안할 때, 더욱더 절실해 보인다. 오늘날 체계를 지배하는 것은 공공이 아닌 개인의 투자이며, 점점 더 세부화되기 때문에 결국에는 개인의 관심으로 귀결될 수밖에 없는 것들이다.

이런 상황 속에서도 데 카를로의 언급은 의미를 잃는 대신 오히려 증폭되고 더 강렬하게 울려 퍼진다. 거주자의 말에 귀를 기울여야 한다는 점, 건축물의 사용과 사용 방식의 변경에 어떤 의미가 있는지 주목해야 한다는 점, 설계자 입장에서 받아들여야 할 선택의 문제, 도시를 뒷받침하는 갈등의 가치, 사회가 도시계획을 둘러싼 상상력을 키워야 할 필요성 등이 모두 데 카를로가 주장하고 제기했던 사항이다. 이는 오늘날 거론한다해도 전체를 구성하는 개인이 그 적용 방식을 결정하는 만큼 그 경계가 상당히 불분명하기 때문에 오히려 중요해 보인다.

『참여의 건축』에서 저자가 권유하는 내용 가운데 가장 결정적인 것은 설계자가 자신이 맡은 역할의 정당성을 포기하지 말고 오히려 더 발전시켜야 한다는 것이다. 그런 의미에서 설계자는 자신의 해석을 주장하는 데 시간이 걸리지만 자신의 해석이 수용될 조건을 구축하기 위해서는 다름 아닌 참여가 필요하다는 점을 깨달아야 한다. 유토피아를 꿈꾸되 항상 최상의 현실을 구현한다는 차원에서 책임감을 가지고 모든 과정을 지휘하며 설계해야 한다. 두 번째 권유는 설계자가 '건축을 설명할 줄 알아야' 한다는 것이다. 그런 의미에서 건축의 설계자와 사용자가 만날 수 있는 장소와 방식이 마련되어야 한다. 이는 물론 두 번에 걸쳐 테르니에서 개최된 전시회의 경험이 보여 주듯이 건축이 이해받기 위해 고유의 언어를 바꿔야 한다는 의미는 아니다. 데 카를로의 답변은 훨씬 단순하다. 건축은 획일적이거나 나열하는 방식으로 설명할 수 없다. 다시 말해 건축이 하나의 예술 형식으로 존속해야 한다는 사실을 포기하지 말아야 한다.

건축이 참여의 건축으로 변화하려면 이상의 두 가지 방향, 즉 설계자의 작업이 추구하는 방향과 이를 사회의 입장에서 수용하는 방향이 유일한 움직임으로 통일되어야 한다. 데 카를로의 입장에서 참여한다는 것은 본질적으로 세상을 바라보는 방식을 뜻했고 근본적인 차원에서 도시와 인간이 만든 모든 것을 규정하는 삶의 목소리에 귀 기울이며 현실을 해부하고 재조성할 수 있는 이론과 아이디어의 무기고를 구축하는 과정, 아울러 건축가를 전문가 이전에 하나의 인간으로 여기는 과정을 의미했다.

건축이 참여의 건축으로 거듭나려면 사람들이 건축의 '실현'에 수동적으로 관여하는 것이 아니라 '건축의 전과정'에 참여해야 한다. 축조방식의 기술적 차원이 아니라 문화적인 차원의 참여가 필요하며 사회가 건축을 이해해서 자기화하고 실존적인 공간 구축에 직접 관여하는 자세가 필요하다.

참여의 건축

제가 이 자리에 선 것은 1970년대 건축에서 부각되었거나 지금 부각되고 있는 문제들에 대한 개인적인 견해를 피력해 달라는 요청을 받았기 때문입니다. 먼저 같은 부탁을 받은 두 전문가가 이미 강연을 마쳤고 제가 세 번째 강연을 맡았기에, 앞서 저와 같은 자리에 섰던 짐 리처즈와 피터 블레이크가 동일한 주제를 다루면서 제시했던 전제들을 중심으로 이야기를 시작해 볼까 합니다.

여전히 건축의 '모더니즘 운동'으로 불리는 개념을 개괄적으로 설명하려고 시도하면서 리처즈는 우여곡절이 많았던 지난 50년을 돌아보며 발전 단계에서 제기된 이 운동의 목표가 무엇이었고, 왜 이 목표들 가운데 일부는 성공을 거둔 반면 나머지는 실패로 돌아가거나 심지어 잊히기까지 했는지 아주 상세하고 명확하게 설명해 주었습니다. 그는 더 나아가 가까운 미래에 건축의 성향뿐 아니라 심지어 개념 자체를 크게 변화시킬 수 있는 세 가지 상황이 잠재적으로 존재한다고 진단했습니다. 첫 번째가 산업화가 건설 산업에 침투하는 상황이라면, 두 번째는 건축의 변화가 세계의 물리적 환경이 총체적으로 변화하는 현상의 한 측면에 불과하다는 생각이 널리 확산되는 상황, 세 번째는 다양한 학문·기술 분야의 참여를 바탕으로 구축되는 협력 체제, 따라서 관건이 되는 문제의 본질에 따라 건축가가 주인공이 될 수도 있고 단역이 될 수도 있는 체제에서 제기되는 분석과 조치의 방법론이 무엇보다 중요한 요소로 부각되는 상황입니다. 이러한 상황들은 아마도 건축의 미래에 결정적인 영향을 끼칠 겁니다.

짐 리처즈에 따르면 우리는 그리 머지않은 미래에 아마도 두 종류의 상이한 건축 유형을 경험하게 될 겁니다. 첫 번째가 개성이 없는 반면 고도의 기술이 전면적으로 적용된다는 차원에서 상당히 높은 수준을 유지하는 건축이라면, 두 번째는 반대로 개성이 강하고 표현이나 기술 측면에서 전적으로 창조자의 영감에 좌우되는 건축입니다. 따라서 도시는 시류를 따르는 건축물과 개성을 드러내는 건축물이 조합된 공간으로 발전하겠죠.

이러한 상황을 토대로 아마도 상징성이 강한 예외적인 건축물, 다시 말해 기념비적인 건축물이 부각될 겁니다.

대략 이러한 가정을 전제로 이야기를 시작하고 싶은데, 사실 저의 관점은 오늘날의 건축 경향에 대한 정확한 평가를 토대로 형성되었다기보다 오히려 저의 개인적인 희망이 투영되어 구성된 것이 대부분입니다. 물론 이는 제가 건축의 역사를 다루는 건축사학자가 아니라 현장에서 설계에 몰두하는 건축가라는 사실에서 비롯된 자연스러운 결과겠죠.

또 다른 강연자 피터 블레이크가 제시했던 의견들, 예

를 들어 이미 '완성된' 혹은 정형화된 건축 양식을 토대로 사회의 발전상을 해석하거나 설명한다는 것이 이제는 거의 불가능하다고 보는 건축가들의 일반적인 의식과 팝 문화가 건축에 끼친 영향에 대한 의견들은 좀 더 뒤에 가서 이야기를 풀어 나가다가 살펴보도록 하겠습니다.

제 입장에서 우선 말씀드리고 싶은 것은 건축물의 사용자가 앞으로는 건축의 구성과 형식을 결정짓는 과정에 어떤 식으로든 직접 참여하리라는 점입니다. 이것이 바로 미래의 건축을 특징짓는 핵심적인 요소가 될 것입니다. 물론 제가 앞으로 일어나기를 바라는 것과 일어날 것에 대한 전망 사이에는 커다란 차이가 있겠죠. 그런 의미에서 좀 더 분명하게 말씀드리자면, 현대 건축가들은 '설계자가 원하는 것'을 만드는 건축이 점점 사라지고 '사용자가 원하는 것'을 만드는 건축이 퍼져 나가도록 최선을 다해 노력해야 할 겁니다.

어디서부터 시작해야 할까요. 먼저 오늘날 건축의 몇 가지 특징부터 살펴볼까 합니다.

오늘날 세계 곳곳에서 어떤 건물들이 세워지는지 알아보기 위해 여러 나라에서 출판되는 다양한 종류의 건축 잡지들을 펼쳐 놓고 유심히 살펴보면, 건축의 양식이나 지역과는 상관없이 대부분의 건물 사진에서 사람을 전혀 찾아볼 수 없다는 사실에 주목하게 됩니다. 이 사진들은 우리에게 건축가는 물론 사진작가와 편집자가 모두 사진이라는 무대에서 집요하게 인간을 배제해야 한다는, 가공의 영속적인 강박 관념에 시달리고 있다는 인상을 줍니다. 이들이 '사람'을 멋진 건물 사진에 해가 되거나 아름다운 장면을 오염시킬 수 있는 이물질 정도로 여긴다는 느낌을 사실상 지우기 어렵죠. 뒤이어 해당 기사나 설명 문구를 읽어 보아도 사람들이 사진에 없는 이유는 누군가가 처음부터 의도했고 계획했기 때문이라는 것을 깨닫게 됩니다. 가끔은 건축물을 소유하게 될 고객이 누구인지, 그리고 건축에 대한 그의 경제적·기술적·미적 요구 사항이 무엇인지 소개되곤 합니다. 하지만 이 경우에도 고객이 머지않아 건물을 어떤 식으로 활용할지 혹은 건물이 그가 제시했던 요구에 부합하는지에 대한 언급은 결코 찾아볼 수 없습니다. 건축물에 대한 평가는 항상 그것의 활용도에 대한 판단과는 전적으로 무관하게 이루어지는 것이 상례입니다. 어떤 건축물이 훌륭하다든지 평균 수준 또는 그 이하라든지 하는 판단은 일반적으로 시각예술 차원의 구상적 가치라는 기준으로 이루어지는 것이 보통입니다.

실제로는 건축 잡지를 뒤지는 대신 보편적이고 유행의 변화에 별로 좌우되지 않는 정보를 제공하는 자료들, 예를 들어 건축사 교본 같은 책을 살펴보아도 건축 예술을 평가하는 방식이 역사책처럼 객관적인 지식을 전달하는 경우와도 크게 다르지 않다는 점을 곧바로 알 수 있습니다. 이러한 상황은 사실 건축학과에서 공부하며 강의를 들을 때에도, 전문가들이 진행하는 건축학 세미나에서도, 건축 문화를 주제로 열리는 수많은 강연회에서도 크게 바뀌지 않습니다. 건축물을 실제로 누가 어떻게 사용하는가에 대한 이야기는 하나 마나 한 이야기라든가, 교양의 수준이 떨어지는 주제라는 듯 모두 회피하는 것이 오늘날의 현실입니다. 물론 사람들이 실제로 가지고 있는 생각은 건축이 궁극적으로는 예술이기에 건축 담론 역시 일상적인 삶의 소소한 측면에 대한 이야기로 오염되어서는 안 된다는 것입니다. 하지만 이 경우에도 우리는 건축과 현실을 이분법적으로 바라보는 사고방식은, 오늘날 건축의 이론과 정보를 다루는 분야에서만 일반화되어 있을 뿐 역사적으로 항상 일어났던 현상이 아니라는 점을 인정할 필요가 있습니다.

과거에는 오늘날처럼 쉽게 접할 수 있는 건축 잡지나 건축학 교본 같은 책들이 존재하지 않았지만 건축을 소개하던 회화가 성행했고 이 회화에 등장하는 건축의 무대에서 '사람들'은 제외되지 않았습니다. '사람들'은 오히려 회화의 전면에 부각되는 경우가 많았고 그들에게 주어진 건축 환경을 이해하고 향유하는 모습으로 그려지곤 했습니다. 사실상 그들을 위해 만들어진 대상의 '실질적인' 주인으로 강조되었던 것이죠. 바로 그런 의미에서 건축은 단순히 건물만으로 완성되지 않고 일종의 공생 관계를 유지하는 '건물'과 '사람' 모두에 의해 완성되는 분야였다고 볼 수 있습니다.

더 나아가서, 흥미로운 것은 회화가 건축을 표현할 때 그것을 활용하는 '사람'과 분리하지 않았기 때문에 결과적으로 회화 자체를 현실과 자연스럽게 뒤섞이도록 표현해서 마치 현실의 일부인 것처럼 보이게 만들었지만 그런데도 회화가 예술로서 위상을 잃지 않았다는 점입니다.

이러한 구도에서 완전히 벗어나 '사람'이 건축의 무대에서 배제되는 현상은, 역사적인 관점에서 볼 때 낭만주의 예술 개념이 형성되는 18세기 말부터 시작되었다고 할 수 있습니다. 건축 역시 낭만주의 사조에 영향을 받지 않을 수 없었으니까요.

물론 이런 의견이 부정확할 수밖에 없다는 점은 저도 알고 있습니다. 사실 부르주아 계층이 프랑스 혁명기에 탄생했다고 주장할 때 범하는 것과 똑같은 종류의 오류를 범하는 셈이죠. 여러분도 부르주아 계층이 훨씬 이전에, 그러니까 대략 초기 르네상스 시대에 탄생했다는 것을 알고 계실 겁니다. 따라서 모든 것은 아마도 원근법, 즉 관찰자의 개별적인 단일 시점주의가 등장했을 때부터 변하기 시작했다고 보거나 또는 부르주아 철학이 강세를 보일 무렵부터, 즉 사회 전체에 대한 단일 계급의 정치적·문화적 지배가 현실화되면서 변하기 시작했다고 보는 편이 훨씬 더 적절할 것입니다. 물론 이 시점에서 복잡하고 또 길어질 수밖에 없는 이야기를 시작하고 싶지는 않습니다. 솔직히 말하자면 이런 종류의 이야기는 우리가 다루는 주제의 너무 깊숙한 곳에 뿌리박혀 있어서 오히려 거리가 아주 멀거나 무관한 내용처럼 보이는 것이 사실이니까요.

따라서 우리가 논의하고자 하는 문제의 핵심으로 되돌아가 곧장 첫 번째 이의를 제기해 보겠습니다. 우리는 건축의 '모더니즘 운동'이 '사람'이라는 문제를 근본적인 차원에서 다루었고 그에 따라 형태와 기능의 관계, 즉 건축물과 그 사용의 관계에 커다란 중요성을 부여하는 결과를 초래했다고 주장할 수 있습니다. 물론 반론의 여지가 없는 지극히 당연한 이야기입니다. 하지만 우리는 '모더니즘 운동'이 이 문제를 어떤 식으로 다루었고 어떤 해결책을 제시했는지 좀 더 자세히 구체적으로 살펴보아야 합니다.

무엇보다도 잊지 말아야 할 것은 건축의 '모더니즘 운동'이 탄생한 시기에 지식의 발달과 확산이 대대적으로 이루어졌을 뿐 아니라 인간과 사회의 행동 방식에 대한 해석이 매우 단순한 방식으로 전개되었다는 사실입니다. 당시에는 인문학뿐만 아니라 거의 모든 영역의 학문 분야에서 '인간'에 대한 집중적이고 전폭적인 연구가 이루어졌지만, 학자들은 '인간'을 무엇보다도 개인적인 '주체'의 차원에서, 아울러 전적으로 기능적인 관점에서 다루었습니다.

정신분석학을 예로 들어보죠. 물론 제가 정신분석이 지니는 치료의 측면을 비판하는 것은 아닙니다. 무의식의 사고 과정을 연구하는 이 정신분석학이라는 학문의 정초 작업이 인류 역사상 가장 위대한 발견 가운데 하나였다는 사실은 누구도 부인하지 않습니다.

하지만 최소한 정신분석학이라는 학문의 수용을 뒷받침하는 사회적·정치적 목적에 대해서만큼은 한 번쯤 의혹을 제기해 볼 필요가 있다고 생각합니다. 실제로 이러한 의혹을 가장 먼저 제기했던 이들은 다름 아닌 탁월한 정신분석학자들이었습니다. 개인이 드러내는 정신 불안 증세의 기원 또는 원인을 오로지 개인 사정이나 경험의 차원에서만 탐색해야 한다고 보는 관점에는 사실상 개인을 사회와는 아무런 상관없는 존재로 간주하는 시각이 포함되어 있습니다. 결과적으로 이러한 생각은 심리적 갈등이 본질적으로 '병든' 개인과 '건강한' 사회 사이에서 일어나며 심리 치료의 목적은 개인이 갈등에서 벗어나 사회에 적응하도록 돕는 것이라는 결론으로 이어질 수밖에 없습니다. 정의定義상으로만 정상적인 것으로 간주되는 사회적 약속과 규칙들을 개인의 입장에서 수용하고 준수할 수 있도록 만드는 것이 치료의 목적인 셈이죠. 문제는 여기에 있습니다. 결국 모든 반항인은 자동적으로 치료를 요하는 정신병자나 치료가 불가능할 경우 격리해야 하는 존재로 간주된다는 것이죠.

인체공학도 또 다른 예가 될 수 있습니다. 이 경우에도 우리가 우선적으로 인정해야 하는 것은 인간과 노동환경의 관계를 연구하며 노동자의 건강 향상과 노동환경의 개선에 기여하는 이 학문의 유용성입니다. 하지만 인체공학이 일종의 '테일러리즘Taylorism'을 양산해 낼 때 우리는 의혹을 제기하지 않을 수 없습니다. 인체공학이 주도하는 노동과 노동환경의 체계화가 노동자를 최대한 활용하는 방향으로 나아갈 때, 그리하여 노동자가 전문화 과정을 거치면서 자신이 일하는 이유와 목적 자체를 잊도록 만들 때, 결국에는 그를 이질적인 상황으로 몰아넣고 기계의 일부로 만들어 버리는 결과를 가져올 수 있습니다.

이 시점에서 우리의 관심사로 돌아가기 위해 도시와 집을 예로 들어 보겠습니다.

19세기 말에 일어난 폭발적인 산업화 현상은 도시 역시 생산의 도구로 간주될 수 있다는 생각이 널리 확산되는 결과로 이어졌습니다. 당시만 해도 도시 생활의 빼놓을 수 없는 장점으로 여겨지던 '복합성'이라는 요소가 어느 순간부터 혼돈의 요소로 인지되자 사람들은 이를 단순화하기 위한 방법을 고안해 내기 시작했습니다. 물론 이러한 '복합성'이 사라지지는 않았습니다. 도시계획의 부단한 시도에도 여전히 대도시의 중요한 특징으로 남아 있으니까요. 어쨌든 사람들은 도시를 기계처럼 명확한 구분이 가능한 부분들의 집합으로 받아들이기 시작했고 이 부분들의 조직을 뒷받침하는 것은 기능적인 필요성의 관계이며 모든 부분은 고유의 기능을 수행하기 위해 존재할 뿐 그 이상도 이하도 아니라고 생각하기 시작했습니다. 이는 기계 부품의 톱니바퀴가 연접한 톱니바퀴의 회전수를 충족하기 위해 정확하게 필요한 만큼의 톱니를 가지고 있어야 하는 것과 마찬가지입니다. 다시 말해 이 경우에도 '복합성'을 '단순화'하는 데 사용된 도구는 '전문화'였습니다. 이런 식으로 대도시의 모든 활동이 순차적으로 '분리'되고 '분류'되고 '위계화'되는 과정을 거쳐 결국 명확한 구분이 가능하고 중첩되지 않는 방식으로 물리적인 공간에 배치되었던 겁니다.

산업화 이전 시대의 도시에서는 노동, 유흥, 교통, 교육, 공연, 물물교환, 생산 등의 활동이 어디에서든 이루어질 수 있었지만 도시계획가가 디자인한 현대 도시에서는 모든 활동이 정해진 공간과 위치에서 이루어지거나 이루어져야만 합니다. 그렇지 않다면, 그러니까 모든 활동이 고유의 공간에서 전개되지 않는 현실은, 적어도 도시계획가 입장에서는 일종의 실수이자 참을 수 없는 '기능적 비일관성'으로 여겨질 수밖에 없습니다.

도시 공간의 '전문화 원칙'은 사실 모더니즘 운동이 아니라 19세기 말의 독일 도시계획가들에 의해 도입되었습니다. 이들은 도시의 발전 과정에 '질서'(이 단어에 주목할 필요가 있습니다)를 부여하기 위한 수단으로 '조닝zoning'이라는 것을 고안해 냈습니다.

'조닝'은 상당히 정확하고 효과적일 뿐 아니라 아주 다양한 상황에 적용될 수 있다는 장점이 있었습니다. 이러한 특징 때문에 독일에 이어 잉글랜드에서도 조닝을 적극적으로 수용하는 양상을 보였고 결국 미국을 비롯해 산업화된 거의 모든 나라에서 조닝을 받아들였습니다. 세계 곳곳에서 적용될 때마다 새로운 기능들까지 추가되며 더욱 풍부해진 조닝은 결국 새로운 목표들을 제시하는 단계에 도달했습니다. 조닝의 원래 과제는 도시 내부의 혼란을 예방하기 위해 건축 사업을 관리하는 것이었지만, 여기에 지역별 인구 밀도를 조절하는 과제, 토지 활용을 생산적인 방식으로 체계화하는 과제, 지역별 토지의 가치를 안정적으로 유지하는 과제, 다양한 도심 지역의 도시 설계 수준과 해당 지역 주민의 사회·경제적 수준 사이의 직접적인 상응 관계를 정립하는 과제 등이 추가되었습니다. 이러한 과정을 거치면서 '조닝'이 구축한 것은 결국 일종의 이데올로기적인 이미지였습니다. 생산 이데올로기가 고스란히 도시라는 무대 위로 투영되면서 형성된 이미지였죠. 경제적·사회적 안정이 보장된 상태에서 최소한의 노력으로 최대한의 결과를 얻어 내는 논리적인 생산 방식을 추구하면서, 그리고 이와 함께 시작된 불필요한 요소들의 제거 과정을 경험하면서 도시는 하나의 기계로, 아울러 하나의 상품으로 변신했습니다.

건축의 '모더니즘 운동'이 다름 아닌 도시계획이라는 문제에 직면하기 시작했을 때 발견했던 것이 바로 이 엄청난 유산이었습니다. 이 유산을 물려받아 극단적인 형태로 발전시켰던 거죠. 하지만 '조닝'이 성공하지 못한 부분이 분명히 있습니다. 이론적이고 제도적인 차원에서 도시 구역의 기능화를 정립하는 데는 성공했지만 이론만큼 제어가 가능한 물리적 환경을 창조하는 데는 실패했던 겁니다. 다시 말해 '조닝'은 기본적으로 산업화 이전 시대의 도시를 특징짓는 다양한 중첩, 교차, 혼합의 요소들을 모두 제거한 뒤 훨씬 단순해진 체계를 기준으로 도시계획적인 차원의 기능들을 분류하고 체계화했지만, 단순해진 '기능'들의 체계를 그만큼 단순한 '형식'들의 체계로 변형하는 데는 실패하고 말았습니다.

카밀로 지테Camillo Sitte의 현학적인 제안이나 레이먼드 언윈의 상세한 제안은 사실상 고대 도시들이 지닌 뛰어난 형식적인 측면을 완전히 포기할 수는 없다는 전제에서 출발했습니다. 따라서 '조닝'은 그것을 만든 법률가와 기술자들의 확고부동한 합리화 의지에 동조하는 의사 표시였다기보다 오히려 저항이나 화해의 시도였다고 보아야 합니다.

어쨌든 문제를 전체적으로 파악하기 위해서는 일종의 도약이 필요했고 실제로는 '모더니즘 운동'만이 이 일을 해낼 수 있었습니다. '기능'이 자동적으로 '형태'를 생성한다는 '모더니즘 운동'만의 확고부동한 교리를 가지고 있었기 때문이죠. 그리고 이 교리는 사실상 '조닝'의 도시계획과 '도시-기계-상품'의 이데올로기가 애타게 기다리고 있던 답변을 의미했습니다.

이 시점에서 이러한 만남의 정황과 방식, 결과에 대해 좀 더 길게 논의하는 것도 충분히 가능해 보입니다만, 그러면 아마도 핵심 주제에서 상당히 멀리 벗어나게 될 겁니다. 따라서 방금 거론된 내용은 일단 접어 두는 편이 현명한 처사일 텐데, 완전히 포기한다기보다는 또 다른 기회에, 그리 머지않은 과거의 좀 더 깊숙한 단층들을 탐험할 때 쓰일 수도 있는 일종의 탐지기로 남겨 두자고 제안하고 싶습니다.

이야기를 계속 이어 가기 전에 먼저 언급하고 싶은 두 가지 사항이 있습니다.

첫 번째는, '조닝'이 사실상 보수적인 차원의 목표들을 제시했고 기본적으로 물리적 공간을 체계화해서라도 제도의 권위를 강화하겠다는 목적을 지니고 있었던 반면 '모더니즘 운동'은, 적어도 일부 건축가들의 입장 표명을 통해, 사회적 혁신이라는 목표를 제시했다는 것입니다.

두 번째는, '모더니즘' 운동과 '조닝'의 만남이 바로 '명백성'의 원칙에 대한 일종의 오해에서 탄생했다는 것입니다.

'조닝'만큼 '명백한' 것은 없었습니다. 반면 '모더니즘' 운동가 입장에서 '명백성'은 건축적 언어의 재정립을 위한 기반일 뿐 아니라 건축의 감성적 완전성, 즉 건축의 궁극적인 목적을 판가름하는 기준을 의미했습니다. 도시가 지니는 여러 '기능'의 '명백한' 구도를 '조닝'이 제안했다면, 이 구도는 도시가 지니는 여러 '형식'의 '명백한' 구도를 구축하기 위한 확실한 토대로 발전할 수 있었습니다. '기능'에서 '형태'로 연결되는 다리가 만들어진 다음에는 정반대 방향의 경로, 즉 '형태'에서 '기능'으로 나아가는 경로가 가능해지고 그런 식으로 물리적 환경의 미적 균형이 사회적 환경에도 균형을 가져오리라고 보았던 것입니다.

이것이 바로 우리 이전 세대의 건축가들이 품었던 너그럽고 순진한 희망이었습니다. 많은 것을 깨달았지만 중요한 걸 놓치고 말았죠. 다시 말해 이들은 사회 공동체들과 이들을 수용하는 물리적인 환경의 관계는 직선적이고 이원론적인 방식으로 전개되지 않는다는 사실을 이해하지 못했고 이런 관계를 단순화된 시스템 안에 동결시키려는 모든 시도가 결국 제도를 지배하는 소수에게는 이득이 되지만 그 반대편에 속하는 다수에게는 불이익을 안겨 주는 상황으로 이어진다는 것도 이해하지 못했습니다. '명백성'에 대한 믿음은 모더니즘 운동이 '인체공학'과 '정신분석학' 분야에서 드러났던 것과 동일한 오류를 범하도록 유도했습니다.

'명백성' 자체는 사실 덕목이 아니며 표현하고자 하는 내용에 드리운 모호함을 걷어 내는 마법의 말로도 간주될 수 없습니다. 예컨대 단계별 조립 공정이나 경찰의 성명서 혹은 선전 포고만큼 보기 좋게 '명백한' 것들은 찾아보기 힘들 겁니다. 하지만 '명백성' 자체는 이 세 사건이 지니는 각각의 측면, 즉 소외감을 부추기고 강압적이며 파괴적인 성격을 어떤 식으로든 변형시키지 못합니다.

물론 '명백성'은 소통을 가능케 하는 기호 체계인 언어의 입장에서 볼 때, 정당할 뿐 아니라 본질적인 하나의 목표로 설정될 수 있습니다.

하지만 그렇다면 왜 '명백성'이 개인들, 사회계층들 간의 무한정 복잡하고 복합적인 관계들의 체계, 간단히 말해 도시계획의 목표가 되어야 하는 걸까요? 오늘날 인간과 물리적 환경의 체계적 관계를 특징짓는 요소는 사실상 뿌리 깊은 모순과 날카로운 갈등의 양상들뿐인데 왜 '명백성'이 목표가 되어야 하는 걸까요?

이러한 상황에서 '명백성'은 강요될 수밖에 없습니다. 다시 말해 모순과 갈등은 적응력이 부족한 개인과 사회계층의 병적 현상에 불과하기 때문에 정의상 정상적이며 현명하고 정의로운 체제로 간주되는 제도에 이들을 복종하도록 만들거나 재교육해야 한다고 믿어야 할 필요가 생기는 거죠.

오늘날 이러한 관점을 신뢰하기란 거의 불가능합니다. 아마도 19세기에 살았던 오스만Haussmann 남작에게는 가능했겠죠. 나폴레옹 3세에게 파리의 새로운 설계도를 보여 주면서 어떻게 하면 대로를 중심으로 구성되는 그 '명백한' 구도가 폭도를 쉽게 진압할 수 있는 기틀을 마련해 줄 것인지 설득했던 인물이니까요. 그리고 아마도 1920년대에 '건축 아니면 혁명을'이라는 슬로건을 내세웠던 모더니즘 운동의 몇몇 창시자 역시 가능하다고 믿었을 겁니다.

물론 우리는 이전 세대의 건축가들이 정치적인 차원에서 상당히 순진했다는 점을 잊지 말아야 합니다. 따라서 이들은 스스로 고안해 낸 새로운 건축언어에 너무 강한 애착을 가지고 있었고 바로 그런 이유에서 권력자들에게 그들의 권력을 보호하기 위한 수단으로 이를 제시했다고 말하는 편이 더 옳을 겁니다. 아니면 열광적인 찬미자에게 빈번히 일어나듯이, 그들의 순수한 열정 속에 어떤 간교의 씨앗이 숨어 있었다고 생각할 수도 있겠죠. 기능이 형태를 생성한다면 형태도 기능을 생성하고 이런 식으로 인간의 행동 양식과 사회에도 변화를 일으킬까요? 만약 권력자들이 새로운 건축언어를 받아들였다면 형태는 스스로 본연의 임무를 다했을 테고 권력자들은 위기를 맞이했을 겁니다.

여기서 오해를 피하기 위해 덧붙이고 싶은 것은, 저 역시 형태가 인간의 행동 양식을 변화시킬 수 있을 뿐 아니라 때로는 사회 개혁에 기여하는 일련의 이미지를 제공할 수 있다고 믿는다는 것입니다. 하지만 저는 이러한 과정이 직선적이지 않고 일종의 그물망 조직을 유지한다고 생각합니다. 왜냐하면 형태는 피드백을 통해서만 행동양식에 영향을 끼치기 때문입니다. 저는 이러한 피드백이 결과를 드러내고 긍정적으로 관여하는 경우는 형태가 그것을 생성하는 맥락과 지속적이고 끈끈한 관계를 유지할 때에만 가능하다고 봅니다. 여기서 맥락은 고유의 갈등과 모순이 포함된 사회적 힘의 총체적 체계로 간주되어야 합니다. 제도적인 힘의 체계로만 여겨서는 안 된다는 뜻입니다. 저는 오늘날 이러한 맥락의 핵심 조직을 구성하는 것이 사실상 제도적 관리에서 벗어나 있는 다수층이라고 생각합니다.

여기서, '명백성'의 문제에 관한 어떤 결론을 내리기 전에, 이 문제가 다름 아닌 모더니즘 운동이 범할 수밖에 없었던 오류, 즉 형태와 맥락의 관계에 대한 그릇된 해석의 원인이 되었던 만큼, 간략하게나마 '거주'의 문제를 살펴볼까 합니다.

프랑크푸르트의 유명한 주방 설계도를 모르는 사람은 없을 겁니다. 1928년 프랑크푸르트에서 열린 '현대 건축 국제회의'에서 소개되었던 주방인데, 기막힌 구성과 최상의 장비를 갖추었을 뿐 아니라 사용자인 주부가 최소한의 움직임과 동작만으로 요리에 집중할 수 있도록 설계되어 눈길을 끌었죠.

이 주방의 예에서 우리는 뒤이어 중요한 결과로 이어질 이론적 관점이 무엇이었는지 확인할 수 있습니다. 실제로 모더니즘 계열 건축가들은 대부분 주방에서 활용된 것과 동일한 원칙들을 기준으로 집의 또 다른 공간들, 예를 들어 침실, 거실, 욕실 등을 설계했습니다. 그리고 똑같은 원칙들을 적용하면서 거주 공간 전체, 건물 전체, 마을 전체를 설계했죠. 설계 과정은 언제나 동일했습니다. 특정 기능을 지닌 공간에서 나타날 수 있는 모든 행위를 분석한 뒤에 불필요한 행위로 여겨지는 것들을 모두 제외하고, 필수 불가결한 행위로 간주되는 것들의 공간적 범위를 기준으로 동일한 기능이 발휘되어야 할 물리적 공간의 구도와 규모를 결정하는 것이었습니다.

이러한 방법을 통해 얻은 성과들이 기여한 바가 사실은 결정적인 역할을 했습니다. 처음으로 '거주' 문제를 연구하는 데 과학적인 방식이 도입되었고 그 결과 이 영역에 축적되어 있던 모든 불필요한 형이상학적 개념들을 떨쳐 버리는 것이 가능해졌습니다. 이러한 변화가 없었다면 여전히 체계적인 건축과 세밀한 설계의 전제가 되는 풍부한 유형학적 용어들은 결코 존재할 수 없었을 것입니다. 이것은 우리가 분명히 인정해야 하는 부분입니다. 하지만 이를 인정한 다음에는 왜 이러한 기여가 뒤이어 그토록 볼품없고 매번 원래 계획했던 것과는 상당히 다른 결과들만 양산해 냈는지 그 이유를 좀 더 깊이 살펴볼 필요가 있습니다.

짐 리처즈는 그 이유가 탐색 방향이 원래 계획했던 것과는 다르게 흘러갔기 때문이라고 보았습니다. 그리고 이는 무엇보다도 관건이 되는 문제의 다양한 측면들을 총체적으로 관찰하는 대신 형식적인 측면을 지나치게 강조했기 때문이라고 보았습니다. 저는 리처즈의 판단이 옳다고 생각합니다. 하지만 그렇다면 왜 전체를 바라보는 대신 형식적인 측면만을 강조했을까요? 수용된 방법론 속에 이미 개념적이고 실질적인 차원의 허점이 존재했고 바로 이 허점이 일탈을 유도했던 걸까요?

이 시점에서 프랑크푸르트 주방 설계도의 예를 다시 한 번, 몇 가지 새로운 관찰점과 함께 살펴보겠습니다.

무엇보다 먼저 인간의 행위를 분석하고 선별할 때 이 행위의 '유형화'에 의존할 수밖에 없다는 사실입니다. 다시 말해 일반적인 '유형'에 상응하는 것으로 간주되는 행위의 주체로 어떤 '유형-인간'을 상정할 필요가 있다는 거죠. 이 '유형-인간'에게는 소속된 사회도 없고 역사도 없습니다. 그의 활동 반경은 그의 신체가 움직이는 영역을 벗어나지 않습니다. 그의 행위는 추상적인 묘사에 불과하고 현실과는 아무런 연관성이 없습니다. 당연히 모순이나 갈등에도 아무런 영향을 받지 않죠. 그건 무엇보다도 이 '유형-인간'의 행동반경이 텅 비어 있기 때문입니다. 과학적 탐구의 영역에서 이러한 '유형-인간'과 '유형-행위'의 이미지를 사용하는 데에는 잘못된 것이 없습니다. 단지 어떤 구체적인 결과와 비교할 때 사실은 훨씬 더 복합적인 현실의 정체를 확인하기 위해 쓰인 추상적 이미지라는 것을 인식하고 이를 분명하게 밝히기만 하면 되는 거죠.

한편으로는 어떤 행위의 유용성이나 무용성의 정도를 판단할 때 위계적인 가치 체계에 의존할 필요가 있습니다. 물론 자세히 살펴보면 '유형-인간'은 경험을 할 수 없기 때문에 결과적으로 가치가 뭔지도 모르고 판단력도 지닐 수 없습니다. 이것만큼 명백한 사실도 드물죠. 이에 비해 그다지 분명하게 드러나지 않는 것은, '판단'이 '유형-인간'을 정의하는 사람에게만 절대적으로 필요한 요소가 아니라 정의 속에 이미 포함되어 있다는 사실입니다. 그러니까 제가 말씀드리고 싶은 것은 '유형-인간'이 예를 들어 요리를 가능한 한 빠르게 해야 한다는 목표를 지닌 인간으로 설정되면, 요리의 완성을 어떤 식으로든 지연하는 모든 행위나 감정은 무용하거나 목표 달성에 방해가 되는 요소로 간주된다는 것입니다.

이 경우에도 과학적인 관점에서는 나쁘다고 할 것이 없습니다. 물론 '유형-인간'의 이미지가 너무 추상적이어서 무의미한 것으로 드러나는 경우는 피해야겠죠. 아울러 이미지의 유형을 결정할 때 고려 대상에서 제외된 특정 사회계층 혹은 공동체에 해당 유형의 이미지를 적용함으로써 이들이 '유형-인간'의 맥락없는 환경과 상당히 유사한 영역에서 살아가도록 만드는 경우 역시 피해야 합니다.

더 나아가 어떤 복잡한 문제를 해결하려고 할 때 변화의 요인들을 최소화하려는 시도는 정당하지만 이것이 순수하게 도구적인 작업이라는 점은 잊지 말아야 합니다. 달리 말해 변수들의 가치를 확인한 뒤에는 잠정적인 차원에서 상수로 간주되던 변수들을 체계 안으로 다시 도입해야 합니다. 이러한 조건이 충족되지 않으면 결과적으로 문제는 해결되지 않거나 처음에 해결하려고 했던 것과 전혀 다른 문제를 다룬 결과로 이어집니다. 프랑크푸르트 주방의 경우를 다시 예로 들면, 요리 시간과 관련된 변수들의 가치를 확인한 뒤에는 '음식을 요리하는 공간의 활용'이라는 기능의 또 다른 변수들을 도입해야 합니다. 그러지 않으면 단순히 '요리를 가능한 한 빠르게 할 수 있도록 주방을 정비하는' 문제를 해결하는 데 그친다고 봐야겠죠. 이때 관건은 주방을 사용하는 '사람'이 아니라 '요리'입니다. 이러한 현상을 바로 주체와 객체의 전복 현상이라고 부릅니다.

이제 좀 더 많은 것에 대해 이야기할 수 있고 또 다른 관점들을 도출해 내는 것도 충분히 가능해 보이지만, 무엇보다도 우리가 처음에 제기했던 문제의 핵심에 어느 정도는 접근했다는 생각이 듭니다. 그러니까 우리가 도시계획과 관련하여 다루었던 내용을 지금까지 거주 문제를 다루면서 이야기한 내용과 함께 관찰할 수 있는 지점에 도달했다고 볼 수 있겠죠.

그래서 이제 학교나 병원, 극장, 쇼핑몰 같은 공공건물들을 검토해 본다면 아마도 우리는 모든 건물에서 '전문화' 원칙과 직결되는 일련의 동일한 목표와 동기, 전략을 발견하게 될 겁니다.

'모더니즘 운동'은 동일한 목표와 동기, 전략을 일종의 장비 체제로 수용했기 때문에 여기서 비롯되는 위험에서 빠져나올 수 없었습니다.

이 시점에서, 누군가는 왜 제가 적어도 두어 차례 이상이 '전문화' 현상을 위험하고 퇴폐적인 요인처럼 언급했는지, 따라서 제가 이 '전문화'에 반대하는 근본적인 이유는 과연 무엇인지 묻고 싶을 겁니다.

솔직히 말씀드리면 한 분야의 활동이 특정 영역에 집중되어야 하고 최대한 '전문적'으로 학습되고 실험되어야 한다는 생각에 반대하지는 않습니다. 저는 전문화와 반대되는 '보편적' 시각을 선호한 적이 없습니다. 특히 건축에서 '보편적' 시각은 항상 표면적이고 장황한 것일 뿐이었으니까요. 저는 오히려 건축 같은 분야의 활동이 손과 두뇌를 사용하는 수많은 종류의 활동과 마찬가지로 사실상 평생 지속되어야 할 예외적이고 지속적인 노력을 요구한다고 봅니다. 그리고 이것이, 제가 보기에는, 건축의 혁명기에 중요한 역할을 했던 몇몇 인물의 운명이었습니다. 그리고 아마도 거의 모든 활동 분야에서 고유의 영역을 좀 더 깊이 이해하고 새로운 지식으로 더욱더 풍부하게 발전시키기 위해 온갖 노력을 쏟아부었던 위인들의 운명이었겠죠.

전문화 문제로 돌아와서, 제가 반대하는 것은 전문화의 한 측면입니다. 전문화가 정신적인 격리로 이어지거나 해당 분야에서 활동하는 사람의 비판적인 시각을 어둡게 만들 때 싫어하는 거죠. 전문화가 활동자의 영역과 외부 세계의 관계를 단절시킬 때, 이런 식으로 활동 자체를 활동의 목적으로 만들어 버릴 때 싫어하는 겁니다.

제가 부정적으로 바라보는 전문화는 사실상 오래전부터 존재해 왔습니다. 옛날에 농부는 땅을 일구는 일을 했고 그것만 평생 '전문적으로' 해야 했습니다. 이러한 상황은 장인이나 상인의 경우도 마찬가지였고 심지어는 일을 전혀 하지 않는 사람도 마찬가지였습니다. 명령만 할 줄 알았고 그 일만 평생 전문적으로 해야 했죠. 하지만 과거의 전문 분야들은 훨씬 더 명확하게 구분되어 있었고 모두 어느 정도 자율성을 지니고 있었습니다. 일련의 변화를 시도할 수 있는 가능성이 열려 있었고 창조적 기량을 발휘할 수 있는 공백이 마련되어 있었죠.

이 모든 것에 근본적인 변화를 가져온 것이 바로 산업화였습니다. 전문성은 산업화와 함께 생산의 합리적 체계화를 도모하기 위한 도구로 전락했고 사회적 지배의 수단으로 변해 버렸습니다. 산업화된 세계에서 전문직으로 활동하는 사람은 자신이 하는 일에 집중하며 틀에 박힌 작업을 반복적으로 실행하는 동시에 자신이 아끼는 일의 동기와 결과에 대해서는 도무지 관심을 기울이지 말아야 하는 역할을 수행할 뿐입니다. 전문 노동자의 향상된 생산 결과는, 높은 임금을 받는 경우에도, 비판과 이의 제기를 포기한다는 조건 아래 보상을 받는 것입니다.

제도의 관리자들 역시 제도를 전문적으로 관리하는 사람들입니다. 이들이 전체를 특권적으로 바라본다면 그것은 단순히 관리의 전문화 차원에서 취득한 시각에 불과합니다. 반대로 특정 분야에 종사하는 사람은 전문화된 세계가 그에게 부여하는 한계와 편협한 시각의 범주 내에서 원하는 대로 사고할 수 있는 자유를 누립니다. 이 범주의 규모와 범위를 결정짓는 것은 특정 활동이 지니는 '제도적인' 차원의 중요성입니다. 예를 들어 과학자의 범주 밑에 기술자의 범주가 오고 기술자의 범주 밑에 전문가의 범주, 그 밑으로 조립라인에 일하는 노동자, 그 밑으로 목화를 수확하는 농민의 범주가 오는 식이죠. 하지만 이러한 위계질서는 조작될 수있는 가능성을 지니고 있습니다. 조작 현상은 특히 제도를보호하거나 강화하거나 포장해야 하는 특수한 상황이 전개될 때 나타납니다. 이런 식으로 때에 따라 군대도 모든 것에우선하는 가장 큰 범주로 부각될 수 있고, 우주 비행사, 추상화가, 심지어 고산 지대에서 위험을 무릅쓰고 터널을 파는광부도 일등 범주로 부상할 수 있죠.

이런 경우에 범주의 범위는 실제보다 더 두드러져 보입니다. 왜냐하면 비율 자체가 수사학적 렌즈를 통해 인위적으로 과장되었기 때문이죠. 하지만 현상의 본질은 바뀌지않습니다. 각각의 범주는 전문화 속에서 보상을 받습니다. 고유의 범주 바깥으로 눈길을 돌리는 일만 없으면 보상의정도는 가치의 척도와 '제도적' 맥락에 따라 정해집니다.

지금까지는 범주라는 용어를 비유적으로 추상적이고기하학적인 차원에서 사용했지만 이제는 어떤 추상적인 이미지에서 벗어나 구체적인 대상에 주목할 필요가 있다고 생각합니다. 여기서 살펴보아야 할 것은 다름 아닌 '물리적 공간'입니다. 우리가 다루고 있는 이야기의 핵심 주제죠.

그러니까 실제로 벌어진 일은 무엇일까요? 전문화가진행되던 가운데 어느 시점에선가 물리적인 공간도 주목을받기 시작했다는 것입니다. 다시 말해 그리 머지않은 역사의 어느 순간에 사람들은 '물리적 공간'의 전문화가 모든 활동의 전문화를 완성 단계로 이끌 것이라고 생각하기 시작했습니다. 이때부터 범주 안에서 활동하는 사람만 범주와 동일시되는 것이 아니라 범주 자체가 내부적으로 견고해지는 양상을 보이기 시작했죠.

이러한 현상이 나타나기 전에 과연 무슨 일이 있었던 걸까요? 농부는 농사에 전문화되어 있었습니다. 하지만 그들은 생산 활동이 부여하는 한계 안에서 자신들의 요구를 창조적으로 표현할 수 있을 만큼 충분한 자유를 누렸고 따라서 스스로를 표현하고 사회 및 자연과의 관계를 표현하는 가장 적절한 방식을 선택할 수 있었습니다. 도시민도, 상인이든 장인이든 학생이든 종교인이든 억만장자든 상황은 마찬가지였습니다. 전원이나 농촌 마을의 집들은 모두 주민의 삶과 소망, 고통, 투쟁과 희망을 제 나름대로 이야기할 정도로 함축성이 풍부한 고유의 구조와 형식적인 특징을 지니고 있었습니다. 도시도 상황은 마찬가지였죠.

그렇다면 전문화 과정이 확대되어 물리적 환경의 구도에까지 영향을 미쳤을 때 무슨 일이 일어났을까요? 모든 것이 정체성을 상실하고 천편일률적으로 변해 버렸습니다. 결과적으로 직업을 포함한 모든 종류의 활동에서 인간이 자기 자신을 표현할 수 있는 가능성, 스스로를 내세워서 소통할 수 있는 가능성 자체가 사라져 버렸습니다. 물론 이러한 현상은 인구와 교통량 증가, 지역 문화가 상호 침투하는 현상의 자연적이고 숙명적인 결과였다고도 볼 수 있습니다. 이러한 해석이 완전히 틀린 것은 아닙니다만 우리가 주목해야 할 것은 물리적 공간의 전문화가 지닌 두 가지 근본적인 '효과' 혹은 '동기'입니다. 전문화 현상을 어떤 관점에서 바라보느냐에 따라, 즉 자연적 현상으로 받아들이느냐 아니면 인위적 현상으로 받아들이느냐에 따라 '효과' 또는 '동기'로 해석될 수 있습니다. 첫 번째 '효과-동기'는 물리적 공간을 생산 요구에 부응하도록, 따라서 생산 과정을 지배하는 사람의 권력에 복종하도록 만드는 경우라고 할 수 있습니다. 두 번째 '효과-동기'는 물리적 공간을 사회의 관리와 억압을 위한 수단으로 활용하는 것입니다. 이 두 가지 '효과-동기'는 생산의 분업화가 수행했던 것과 동일한 기능을 물리적 공간이 수행하도록 만들었습니다. 즉 삶의 파편화를 가속화하고 제도화하도록 만드는 기능이었죠.

이것이 제가 앞서 던졌던 질문에 대한 간접적인 답변이라면 이제는 좀 더 직접적인 답변을 시도해 볼까 합니다.

무엇보다도 모더니즘 운동의 기여도는 왜 그토록 미약한 수준에 그쳤을까요? 왜냐하면 물리적 공간을 구축하는 문제에 접근하면서 제시했던 방안들의 과학적 내용이 환영에 불과한 도식들, 다시 말해 현실을 포착한다는 환영만 안겨 주었을 뿐 사실상 현실을 뿌리 깊게 변질시키는 도식화의 미로와 모형들의 함정 속에서 빠르게 소진되었기 때문입니다.

모더니즘 운동은 왜 예상했던 것과는 그토록 다른 결과를 가져왔을까요? 왜냐하면 물리적 공간을 구축하는 문제에 접근하면서 사실상 상품 생산 과정을 구성할 때 적용하는 것과 동일한 기준들을 적용했기 때문입니다. 결과적으로 제시된 해결책들은 인간의 활동과 생각을 상품화할 때 이득을 보는 사람들이 훨씬 더 쉽게 이해할 수 있고 용이하게 활용할 수 있는 것들뿐이었죠.

아울러 모더니즘 운동은 왜 관건이 되는 문제들의 보편적인 측면보다는 형태적인 측면을 강조했을까요?

왜냐하면 이 운동이 활동해야 했고 또 하고자 했던 분야의 맥락과 관계를 유지하지 못했고 심지어 그것을 인식조차 하지 못했기 때문입니다.

오늘날에는 이상하게 들릴지 모르지만 이른바 '형태-기능'이라는 방정식은, 만약 두 번째 용어 '기능'이 관습적 행위로만 구성되는 제한적이고 빈약한 영역에 국한되지 않고 모든 사회적 행동 양식을 포함할 뿐 아니라 이를 특징짓는 모순과 갈등까지 포함하는 영역으로 확장될 수 있었다면, 실제로 기여한 것보다 훨씬 더 많은 것을 제시할 수 있었을 것입니다.

이러한 확장과 포괄의 과정은 활동하는 주인공들의 직접적인 참여를 요구했을 것입니다. 반면 실제로 수용된 방법론은 이들을 제외하도록, 이들의 목소리에도 귀 기울일 수 없도록 만들었죠. 우선 맥락에 대한 이해를 상실했다는 사실이 모더니즘 운동이 초기에 제안하고 추구했던 내용 전체를 변화시켰고 뒤이어 모든 것을 무의미하게 만들었습니다. 결국 예술의 뜨거운 오만 속에 안주하거나 기술의 차가운 중립적 입장을 취하는 것 외에는 길이 없었죠. 미적 탐구의 고조된 분위기나 전문가적 일상의 평온함에 스스로를 내맡기는 것 외에는 별다른 도리가 없었던 겁니다.

저는 이러한 대안들이 사실은 과거에 건축 분야에서 일

어났던 일들의 문제적인 측면들뿐만 아니라 미래에 일어날 일들에 대한 지표를 함축하고 있다고 봅니다. 제 입장에서 분명해 보이는 점은 오늘날 우리가 어떤 갈림길에 서 있고 두 방향 모두 건축뿐만 아니라 물리적 공간과 사회의 관계 발전을 위해서도 결정적인 영향을 끼치게 되리라는 것입니다.

아직 피해를 입지 않은 몇몇 영역을 제외하면, 환경을 통제하는 문제는 더는 인간이 논의와 결정으로 해결할 수 있는 문제가 아니며 인간의 의지를 뛰어넘어 고유의 자율적이고 독립적인 힘의 논리에 복종하는 듯 보입니다. 따라서 환경의 변화 역시 이러한 논리를 바탕으로 전개되고 변화의 전개 방식은 권력 행사의 도구로 활용되는 상징물들과 가장 잘 어울리는 구조를 취합니다.

이 상징물들 가운데 가장 대표적인 예는 자동차입니다. 도시의 교통수단으로서는 더 이상 큰 의미가 없지만 여전히 도시의 활동 공간을 선택하고 동선을 설정하는 데 결정적인 역할을 합니다.

사실상 자동차라는 교통수단을 더 빠르고 조용하고 편안한 첨단 대중교통 수단으로 교체하는 데 방해가 되는 특별한 기술적·경제적 장애물이 존재하는 것은 아닙니다. 특히 사회적 비용을 고려하면 교체가 당연하죠.

하지만 교체가 이루어지지 않고 앞으로도 쉽사리 이루어지지 않으리라고 예상할 수 있는 이유는, 자동차 산업이나 대규모 석유 회사에 이득이 될 리 없기 때문이라기보다는 자동차가 단순한 수단의 차원을 뛰어넘어 거의 완벽한 단계의 모호한 의미를 갖춘 상징물이 되었기 때문입니다.

자동차의 힘은 권력이 널리 분배되어 있어서 원하면 누구나 손에 넣을 수 있다는 환영을 생성하는 데 있습니다. 반면에 실제로는, 다름 아닌 이러한 환영에 힘입어, 한곳으로 집중되는 것이 권력이죠. 이런 식으로 권력은 경제뿐만 아니라 소통의 영역에서 고유의 지배 구조를 완성해 나갑니다.

자동차의 신화는 어떻게 물리적 공간이 인위적으로 조작되어 사회의 안정을 보장하는 완전히 이질적인 상태를 만들어 낼 수 있는지 보여 주는 가장 전형적인 예이자 명백한 근거입니다. 오늘날의 동향을 살펴보면 이와 상당히 유사한 경우들, 조금은 덜 분명하지만 바로 그런 이유에서 훨씬 더 은밀한 성격을 띠는 예들을 발견할 수 있습니다. 대표적인 예는 미국의 '교외' 신화나 유럽의 '구시가지' 신화 또는 '모델 타운Model Town', '도시 재생Urban Renewal', '도시 미화' 등의 신화죠.

도시 미화나 재생 같은 유형의 신화에 속하는 것이 바로 인상적인 첨단 건축물들로 구성되는 일련의 '결절점'이, 침체된 도시 영역의 황량함과 음산함을 상쇄하고 미의 균형을 이룰 수 있다고 보는 견해입니다. 이러한 생각은 무엇보다도 대도시에서 성공을 거두기 시작했습니다. 그리고 그 원인은, 이 경우에도, 상징들을 구체적인 물질로 형상화하는 능력과 그로인해 다원적인 흐름을 생산해 내는 능력에서 발견할 수 있습니다. 첨단 건축물들로 구성되는 '결절점'은 일반적으로 정치, 행정, 금융, 정보가 집중되는 곳과 일치합니다. 이 '결절점'들은 도시나 공동체 전체의 발현으로 소개되고 인식되는 것이 보통이죠. 하지만 실제로는 다양한 사회계층을 이들이 살아가는 물리적 공간의 구체적인 문제로부터 분리시키면서 계층의 파편화를 조장할 뿐입니다.

솔직히 말하자면 바로 그런 이유에서 '두 종류의 건축'에 관한 짐 리처즈의 매력적인 가정에 동의하기 어려워 보입니다. 그의 가정이 오늘날의 동향을 충분히 감안하고 있는 만큼 충분히 현실적이라는 점은 인정하고 싶지만 동시에 이러한 성향의 발전이 고유하다고만은 볼 수 없는 논리에 따라 전개된다고 전제하기 때문에 정말 현실적인지에 대해서는 의문을 품지 않을 수 없습니다. 첨단 건축물들로 구성되는 '결절점'은 사실 도시화된 주변 영역의 열악한 상황을 감추고 이 주변 영역에서 이루어지는 본질적인 양적 탈취 현상으로부터 관심을 분산하기 위해 발명되었습니다.

이런 흐름 속에서 방향 전환이 자연스럽게 이루어지리라고 기대하기는 힘듭니다. 또한 성숙한 단계에 도달한 기술의 압력에 자극을 받아 전환이 이루어지리라고 보기는 더욱더 어렵죠. 게다가 솔직히 말해 건축 분야에서 성숙한 기술이란 여전히 존재하지 않습니다.

하지만 사실 제가 '두 종류의 건축'에 관한 리처즈의 가정을 수용할 수 없는 또 다른 이유, 어떻게 보면 좀 더 진지한 이유가 있습니다. 저는 기술을 정당화하기 위해 진보를 내세우거나 예술을 정당화하기 위해 인간적인 고통을 가볍게 보는 태도가 부당하다고 생각합니다. 건축을 정당화하기 위해 기술과 예술을 내세우는 것도 마찬가지죠.

그러니까 제가 하고 싶은 이야기는, 인간의 물질적인 조건을 구체적으로 향상하지 못하는 새로운 기술은, 그것이 기술 자체의 발전에 크게 기여한다 하더라도 수용하기 힘들다는 것입니다. 마찬가지로 새로운 예술 역시 인간의 비판 의식과 상상력을 자극하지 못한다면 환영이라는 마술로 고통을 완화하는 데 성공하더라도 사실상 수용하기 힘들고, 새로운 건축 역시 삶의 파편화 현상에 맞서 대응하지 못한다면 아무리 기술적으로 완벽하고 예술적으로 감동적이라 하더라도 사실상 수용할 수 없습니다.

한편으로 '기술인가 예술인가?'라는 건축의 오래된 딜레마에서 벗어날 수 있는 탈출구를 제시하는 것도 정말 중요한 해결책은 아니라는 생각이 듭니다. 그런 식으로 건축이 기술 분야에서든 예술 분야에서든 이중적 존재의 편리함을 누릴 수 있도록 만드는 것이 무슨 의미가 있나 싶은 거죠. 반대로 기술과 예술 가운데 어느 하나를 선택할 수 있는 기회를 부여해서 건축가에게 역할의 정당성을 보장하는 것도 커다란 의미는 없다고 봅니다.

저는 오히려 건축을 건축가에게서 빼앗아 건축 사용자에게 되돌려 주자는 관점에 흥미를 느낍니다.

물론 저처럼 건축에 종사하는 분들 앞에서 거만한 자세를 취하려는 것이 제 의도는 아니기 때문에, 곧장 덧붙이고 싶은 말은, 이 목표를 달성하는 데 기여하게 될 건축가의 역할을 제가 상당히 중요하게 생각한다는 것입니다. 바로 여기에 현대 건축의 갈림길이 놓여 있습니다. 그리고 올바른 방향을 선택할지 여부는 전적으로 건축가에게 달려 있습니다.

갈림길은 정의상 두 갈래로 나뉩니다. 현대 건축의 경우 이 두 갈래의 길 가운데 하나는 건축이 지금까지 밟아 온 전통적인 경로의 연장이라고 볼 수 있습니다. 반면 다른 길은 이 전통적인 경로에서 벗어나 '참여의 건축'이라는 새로운 목표를 향해 뻗어 있습니다.

이 시점에서 '참여의 건축'이란 과연 무엇이며 그것이 어떤 식으로 실현될 수 있는지에 대한 설명이 필요할 텐데, 사실 이 부분에 대해 명쾌한 설명을 제시한다는 것은 결코 쉬운 일이 아닙니다. 무엇보다도 '참여의 건축'이 아직은 존재하지 않기 때문이고, 사실상 '참여'의 진정한 형식도 구체적으로 존재하지 않기 때문입니다. 엄밀히 말하자면 적어도 우리가 '문명화'된 세계라고 부르는 곳에서 참여의 형식은 존재하지 않습니다.

참여는 사실상 모두가 대등한 입장에서 권력을 관리하고 행사에 참여할 때 이루어진다고 할 수 있습니다. 좀 더 분명하게 말하자면 참여는 더 이상 권력이 존재하지 않을 때, 즉 모두가 동등한 입장에서 모든 결정 과정에 직접 관여할 때 이루어집니다.

이 시점에서 누군가는 제가 지금 유토피아에 대해 이야기한다고 지적할 수 있을 겁니다. 지극히 당연한 지적이고 맞는 이야기입니다. 왜냐하면 참여의 건축은 실제로 하나의 유토피아니까요. 하지만 현실적인 유토피아이고 이런 관점이 커다란 차이를 만들어내죠.

일반적인 의미의 유토피아는 불가능한 현실이라는 이미지를 가지고 있고 이 불가능성은 맥락의 완전한 이질화에서 유래합니다. 유토피아가 이질적인 이유는 유토피아와 대립되는 현실의 변수들이 유토피아에 전혀 반영되지 않기 때문입니다. 반대로 현실의 모든 변수를 반영하고 이 변수들의 관계가 다양할 수 있음을 감안하는 유토피아는 이미 현실적인 것이겠죠.

우리의 주제인 건축의 맥락은 강제적으로 표현되는 힘과 사실상 동일한 강제력에 의해 칭송되는 힘에 의해 구축됩니다.[41] 따라서 이 힘들의 관계는 근본적으로 인위적입니다. 실제로 관료 제도와 정보 체제, 정치계와 금융계의 의지가 물리적 공간의 체계화를 결정짓는 반면, 상속의 혜택을 받지 못한 가난한 계층의 의지는 국민 대다수의 의지임에도 불구하고 아무것도 의미할 수 없는 현실이야말로 인위적인 거죠. 이와는 전혀 다른 방식으로 물리적 공간의 구성을 표상하는 이미지가 존재한다면, 그래서 이것이 맥락 내부의 모든 힘과 실제적인 힘뿐만 아니라 잠재적인 힘까지도 고려함으로써 앞서 언급한 인위적인 상황에서 유래하는 이미지를 전복시킬 수 있다면, 이 정반대되는 이미지를 우리는 사실적 유토피아라고 부를 수 있습니다. 이 유토피아는 억압받는 에너지가 모두 해방되어 작금의 탄압 상황을 전복시킬 수 있을 때 현실화될 수 있습니다.

조금은 다른 의미에서 사용된 표현이지만 우리는 르코르뷔지에의 "유토피아는 내일의 현실이다"라는 말이 의미하는 것에서 그리 멀지 않은 곳에 있습니다. 르코르뷔지에는 진지한 현실주의로 가장한 순응주의의 모순을 폭로할 줄

---

41   저자가 말하려는 것은 제도와 권력자들이 행사하는 강제적인 힘, 즉 강제적인 건축언어가 있고 이를 칭송하는 서민들이 있지만 이들의 칭송 자체가 동일한 강제력에 의해 강요된다는 점이다.—옮긴이

아는 능력을 지닌 인물이었고 바로 그런 이유에서 제가 아주 존경했던 '선배' 건축가입니다.

앞서 인용한 그의 언명을 좀 더 진지하게 고민해 보면 또 다른 질문이 떠오릅니다. 건축적 맥락의 균형이 인위적이지만 안정적이고 무너질 기미가 전혀 보이지 않는 상태에서 건축이 이를 받아들이지 않는다면 현재를 위해 무슨 일을 해야 할까요?

여기서 저는 이 질문에 대한 답변이 최소한 한 쌍의 전제를 바탕으로 제시되어야 한다고 봅니다. 첫 번째 전제는 하나의 건축 이미지는 실현 단계에 도달하지 않더라도 커다란 영향력을 발휘할 수 있다는 것입니다. 예를 들어 굉장한 잠재력을 지닌 건축의 이미지는 그것의 실현을 방해하는 세력들을 심각한 시험대에 올릴 수 있습니다. 고질적인 고정관념에서 벗어나게 하여 상황을 수동적으로만 받아들이던 어리석음 혹은 부당성을 폭로할 수 있고, 감히 주장할 생각조차 하지 못했던 권리에 대한 의식을 일깨울 수 있고, 미지의 상태로 남아 있던 목적의식을 부여하며 그것을 하나의 목표로 제시할 수 있습니다.

19세기 후반과 20세기 초반 사이에 즉각적인 호응을 얻지 못했을 뿐 건축적이고 도시계획적인 사유를 혼란에 빠트리며 동시대인과 후세대의 정치-사회적인 관점을 변화시키는 데 크게 기여한 일련의 세계상이 나타났습니다. 이와 관련하여 언급하고 싶은 인물은 로버트 오언Robert Owen, 빅토르 콩시데랑Victor Considerant, 벤저민 리처드슨Benjamin Richardson, 윌리엄 모리스William Morris, 표트르 크로포트킨

Пётр Кропо́ткин, 패트릭 게데스Patrick Geddes, 아울러 조셉 팩스턴Joseph Paxton과 귀스타브 에펠Gustave Eiffel, 그리고 상당량의 모순적인 공헌 덕분에 주목해야 할 루이스 설리번Louis Sullivan, 아돌프 루스, 르코르뷔지에입니다.

이들의 이름만 인용하고 다른 인물들의 언급을―당연히 거론되어야 할 인물들의 목록은 훨씬 더 길지만―일부러 피하는 이유는 지금 '요정들의 이야기'를 하고 있는 것이 아니라는 점을 분명히 하고 싶기 때문입니다. 사실 저는 동화의 나라에서 그저 기지를 발휘할 목적으로 말을 타고 나타나는 영웅들을 믿지 않습니다. 저는 오히려 모든 지혜를 걸고 빛을 잃을 위험을 감수하며 현실 세계의 가능하고 구체적인 대안들과 일관된 이미지들을 구축하기 위해 모든 힘을 쏟아붓는 반-영웅들을 믿습니다. 왜냐하면 어떤 체계 안의 진정한 힘이 자신을 가두고 있는 인위적인 균형 상태를 무너트리는 상황이 도래할 때, 바로 그 이미지들이 현실적인 것으로 대두될 것이기 때문입니다. 정말 중요한 것은 바로 이겁니다. 한편으로는 이러한 이미지들이 현실을 지배하게 될 가능성이 있다는 사실 자체가 맥락을 유동적으로 만들고 인위적인 균형 상태를 뒤흔드는 데 기여합니다.

두 번째 전제는 체계들이 결코 완벽하지 않다는 것입니다. 가장 매끄럽고 견고한 체계들에도 내부적인 모순으로 깊이 파인 균열들이 있습니다. 따라서 이 틈새들로 이루어진 그물망을 탐사하면서 여백을 찾아낼 수 있고 여기에 혁신적인 요소들을 도입할 수 있습니다. 일단 도입되고 나면 혁신적인 요소들은 성장하면서 틈새를 넓히는 동시에 또 다른 틈새들을 만들어 내고 그런 식으로 체계를 지탱하던 논리가 더는 버티지 못하고 비모순적인 또 다른 논리로 대체되어야 한다는 점을 드러냅니다. 물론 혁신적인 요소들은 체계의 구조와 일관성을 유지하지 못하지만 체계 자체는 이 요소들을 쉽사리 거부하거나 뿌리치지 못합니다.

이러한 특징을 뒷받침하는 많은 근거 가운데 '소통'은 의미심장할 뿐 아니라 우리와 직접적인 연관성이 있습니다. 이른바 '문명화된' 세계의 모든 체계는 인간들 간의 소통이라는 영역에 대한 절대적인 지배를 확보하기 위해 놀라운 노력을 기울입니다.

이는 분명히 매혹적인 목표입니다. 모든 시대에 권력자들의 상상력을 지배했던 목표이기도 하죠. 무엇보다도 소통을 지배하는 자가 사회를 완벽하게 지배할 수 있기 때문입니다. 경제적 자원을 지배하는 차원보다 훨씬 더 세밀한 지배가 바로 소통을 매개로 가능해집니다. 따라서 모든 체계는 엄청난 양의 물질적이고 지적인 수단을 동원해 모든 정보의 송수신과 기록에 소요되는 장치를 체계화하려고 노력합니다. 하지만 이러한 장치들은 널리 보급되기 위해 단순화되고 가능한 한 작게 축소되어야 할 뿐 아니라 저렴하게 생산할 수 있어야 합니다. 모순은 바로 여기서 발생합니다. 크지도 않고 손쉽게 작동할 뿐 아니라 가격도 비싸지 않기 때문에 소통 도구들은 모두의 손이 닿는 곳에 있습니다. 체계는 원칙적으로 고유의 권력을 증대하기 위한 지배 도구들을 생산하지만 동시에 이 도구들을 사실상 권력의 확장에 반대하며 자신의 자유를 지키고 싶어 하는 개인에게까지 제공할 수밖에 없는 입장에 놓입니다.

제가 지금 말씀드리는 현상은 SF 속에서가 아니라 현실에서 이미 일어나고 있는 일들입니다. 예를 들어 비디오 저널《래디컬 소프트웨어Radical Software》는 미국의 공식 채널들이 제공하는 프로그램에 위배되는 정보들이 포함된 불법 프로그램을 방송하기 위해 젊은 참여자들이 소유한 모든 장치를 활용해 방대한 통신망을 구축하고 있습니다.

이와 유사한 현상들은 성격만 다를 뿐 물리적 공간을 구축하는 영역에서도 이미 일어나고 있습니다. 도시화된 영토 가운데 제도의 지배를 받지 않는 곳은 단 한 군데도 없습니다. 하지만 지배 영역이 너무 방대해지는 바람에 더 이상 어떤 특수한 형태의 지배도 허락되지 않는 아이러니한 상황이 발생하고 말았죠. 결과적으로 제도의 개입은 어쩔 수 없이 대규모로 빠르고 비정하게 전개됩니다. 실제로 어느 지역에서든 고속도로를 닦거나 공원을 없애고 주거지를 침투해 들어가거나 새로운 행정 도시를 만들고 새로운 산업 지대를 건설하고 구도심을 방부처리 하듯 보존하려 하는 상황이 발생하면 사람들은 이를 주민들에게 알리려고 하지 않을뿐만 아니라 개입에 뒤따르는 환경적·기술적·경제적·사회적 결과를 예측하거나 평가해야겠다는 생각도 하지 않습니다. 주택 단지나 산업 시설, 행정 시설을 건축할 때에도 건물 안에서 실제로 거주하거나 일하게 될 사람들의 요구나 희망 사항에는 전혀 관심을 기울이지 않을 뿐 아니라 이러한 요구가 충족되지 못했을 때 건물을 짓는 목적 자체를 잃어버릴 수 있다는 사실도 이해하지 못합니다.

지배 체제는 확장을 거듭하면서 점점 더 무능해지고 어리석어집니다. 결과적으로는 스스로 반란을 부추기는 셈이죠. 최근에 우리는 가능하리라고 결코 상상해 본 적이 없는 방식으로 체제를 거부하는 목소리가 일제히 폭발하는 현상을 목격했습니다.[42]

계기를 마련한 것은 젊은 대학생들이었지만 체제에 불만을 토로하는 현상은 빠르게 확산되었고 대학생들보다는 사회 체제를 거부할 만한 좀 더 뚜렷하고 구체적인 이유를 지니고 있던 거의 모든 사회계층에 뿌리를 내렸습니다. 원래 특수하고 제한적이었던 거부의 이유는 이제 보편적인 성격을 취하기 시작했고 거부 현상은 제도가 강요하는 가치 체계 전체를 대상으로 확장되기 시작했습니다.

따라서 '어떻게'라는 문제보다는 '왜'라는 문제가 더 중요하고 시급한 문제로 부각되었고 결국 지극히 당연하게 여겨지던 수많은 상황의 부조리가 정체를 드러내기 시작했죠.

사람들은 삶의 파편화가 개인의 완전성을 파괴하고 개인을 사회로부터 고립시켜 방어 능력을 상실하게 만든다는 사실과 노동은 목적이 될 수 없으며 오로지 삶을 질적으로 향상하고 타자와 소통하기 위한 수단에 불과하다는 사실을 깨달았습니다. 아울러 전문화가 노동자의 잠재력 개발에 아무런 기여도 하지 못하고 생산과 이윤의 증대에만 소요될 때 소외감을 조장한다는 사실을 깨달았죠.

물리적 공간의 영역에서도 도시와 여러 지역에서 이루

어지는 모든 제도적 개입을 결정짓는 것은 투기자의 탐욕이나 관료의 우둔함에 불과하다는 의식이 널리 퍼졌습니다. 결과적으로 청문회, 기획안, 사업안을 믿지 못하고 자문위원회와 과학자, 도시계획가와 건축가도 믿을 수 없으며 이들이 모두 어우러져 함께 해내는 수많은 일이 항상 목표도, 결론도 똑같다는 이해할 수 없는 사실을 계속 믿는 것도 더는 불가능하다는 의식에 도달했죠.

우리 건축가들도 폭발적인 거부의 파도에 적잖은 타격을 받았기 때문에 우리의 역할이 위태로울 뿐 아니라 모호하다는 의문을 품기 시작했고, 따라서 우리 스스로와 건축의 정당성을 회복하기 위해서라도 건축의 실천 방식을 재검토할 필요가 있다고 느끼기 시작했습니다.

그렇다면 우리가 방향을 바꿀 수 있는 준비가 되었다고 말할 수 있을까요? 아마도 우리는 새로운 방향이 열려 있으며 그것이 오늘날 하나의 구체적인 대안을 표상한다는 정도만 말할 수 있을 것입니다.

어느새 제가 논의하고자 했던 핵심 문제에 도달한 것 같습니다. 과거의 권위주의적 관행에서 벗어나 참여를 토대로 새로운 실천 양식을 정착시킨다면 건축에 어떤 변화가 일어날까요?

이제 가장 중요한 대목에서 빛을 발할 수 있도록 이 문제를 몇 가지 요점으로 '에워싸' 보도록 하겠습니다. 사실 그다지 많은 이야기를 하고 싶은 생각은 없습니다. 왜냐하면 불가능하니까요. 모든 걸 떠나서 참여의 실천은 다름 아닌 참여를 통해 이루어진다고 봅니다.

요점 1. 설계와 과정

건축의 과정은 기본적으로 '문제의 정의', '해결책의 실행', '결과의 평가'라는 세 단계를 거쳐 전개됩니다. 세 단계의 순서는 변경될 수 없고 마지막 단계에 도달하면 과정은 종결된 것으로 간주합니다. 각 단계는 다른 단계들과 거리를 유지하고 때에 따라 다음 단계에 영향을 끼칠 뿐 이전 단계로 소급되지는 않습니다. 정말 중요한 것은 중간 단계입니다. 첫 단계는 중간 단계를 정당화할 수 있는 근거들을 모으는 데 소용될 뿐이고 마지막 단계는 실제로 존재한다고 보기도 힘듭니다.

첫 단계에서 적용되는 전개 방식, 즉 문제를 정의하는 방식은 치밀하지도 않고 체계적이지도 않습니다. 직관이나 다량의 정보 수집에 의존하는 것이 보통이죠. 하지만 직관적인 접근 방식이나 수집에 의존하는 접근 방식 모두 문제를 정의하기 위해 고민하는 사람의 가치관에 의해 변질되는 경우가 대부분입니다. 그리고 문제를 정의하는 임무는 설계자에게 돌아가는 것이 일반적이죠. 설계의 목표는 건성으로 설정됩니다. 왜냐하면 총체적이고 전체적인 목표에 대해 논의하는 것이 아니라 예산이나 이윤 또는 설계의 기술적이거나 미적인 측면처럼 결과를 곧장 예상할 수 있는 부분에 대해서만 논의하기 때문입니다.

실제로 건설에 소용되는 모든 자원 역시 이미 주어진 현실로만 간주하기 때문에 결과적으로 자원의 배분 방식은 적은 돈을 들여 짓는 주택의 경우처럼 표준을 무너트리며 불균형과 이에 뒤따르는 소외 현상을 조장합니다. 주택 사용자의 뜻은 원칙적으로 무시되고, 건축 사업을 추진하는 사람의 이해타산이나 설계하는 사람의 관점에 부응하는 모델을 적용함으로써 왜곡되는 것이 보통입니다.

해결책의 실행 단계는 건축물의 설계 작업에서 시작해 시공과 준공으로 이어지는 단계를 말합니다. 설계는 기본적으로 대안이 필요 없는 유일한 대상을 표상하려는 성향이 강합니다. 결과적으로 이 대상, 즉 설계도상의 건축물은 시공 단계로 돌입하기 전에 약간의 수정만 거치거나 어쩔 수 없이 거부된 다음 또 다른 형태의 좀 더 적절한 대상으로 대체되는 것이 보통입니다. 하지만 이런 일이 일어나도 분쟁은 의뢰자와 설계자 사이에서만 벌어질 뿐입니다. 분쟁 자체도 사실은 경제적인 이유에서 시작되는 경우가 대부분이죠. 의뢰자가 설계도를 수용하고 시공 단계에 들어간 뒤 완성되는 건물은 사용자에게 양도됩니다. '사용'이라는 측면은 생산된 상품에 아무런 영향도 끼치지 못하고, 상품은 오히려 '사용'에서 비롯되는 전복의 시도에 저항하면 할수록 더 성공적인 작품으로 간주됩니다.

결과를 평가하는 단계는 앞서 언급했듯이 사실상 아무런 의미가 없습니다. 그럴 수밖에 없는 이유는 기본적으로 두 가지입니다. 첫 번째, 건축 분야의 생산품을 일종의 예술작품으로, 결과적으로 어떤 종류의 이성적 비교도 불가능한 일종의 유일무이한 사건으로 받아들이려는 성향이 강하기 때문입니다. 두 번째, 건축 목표가 왜곡되는 현상과 '사용'의 측면에 대한 무관심이 우리가 이루고자 했던 것과 실제로 이룬 것을 비교하기 위한 판단 기준의 정립을 불가능하게 만들기 때문입니다. 바로 그런 이유에서 모든 종류의 새로운 건축물은 미적이거나 경제적인 차원이 아니라면 전례를 찾아볼 수 없고 미래의 건축가에게도 전례가 될 수 없는 독보적인 사례로 간주됩니다. 어떤 발전 과정에도 포함될 수 없는 고립된 경우로 남는 거죠.

지금까지 전통적이고 권위적인 설계 과정에서 관례적으로 일어나는 현상을 분석했다면, 지금부터는 참여를 토대로 전개되는 설계 과정에서 과연 무슨 일이 벌어지는지 살펴보겠습니다.

참여의 건축이 요구하는 것은 건축의 전과정에 사용자들이 있어야 한다는 것입니다. 이러한 전제는 최소한 세 가지 기본적인 결과를 낳습니다. 우선 각 작업 과정의 모든 순간은 기획의 한 단계로 간주됩니다. 아울러 건축물의 '사용' 역시 과정의 한순간으로, 따라서 기획의 한 단계로 간주되고, 결국 다양한 단계들이 서로 뒤섞이기 때문에 과정 자체는 직선적이고 일방적인, 자기 충족적인 차원에서 벗어나게 됩니다.

좀 더 구체적이고 정확한 이해를 위해 추가로 몇 가지 개괄적인 설명을 시도해 보겠습니다.

문제를 정의하는 단계는 건축 기획의 일부입니다. 건축의 다양한 목표와 건축에 소요되는 자원들이 다름 아닌 미래의 사용자들과 나누게 될 토론의 주제가 되기 때문이죠. 예를 들어 금융자금으로 진행되는 주거지 건설 계획은 그 자체의 논리를 감안할 때 합리적이라고 할 수 있지만 건물들이 들어설 지역의 형평성을 감안할 때 잘못되었다고 볼 수도 있습니다. 건축에 들어가는 자금의 규모는 재정적 논리에 따라 정해질 수 있지만 좀 더 정당한 요구들을 충족하기에는 부족할 수 있습니다. 오로지 거주자들과의 소통만이 이러한 모순들을 조명하고 해결할 수 있습니다. 해결하지 못하더라도 최소한 공개적인 갈등의 형태로 터트릴 수는 있겠죠.

해결책의 실행 단계에서 설계자는 더 이상 유일하고 제한적인 생산품 제작에 매달리지 않고 사용자들의 비판과 창조적인 사고를 수용하면서 지속적으로 정제하는 일련의 가정에 주목합니다. 설계자는 더 이상 완성된 형태의 변경 불가능한 해결책을 빵 굽듯 구워 내는 것이 아니라 그의 작품을 사용하게 될 사람들과의 지속적인 논의를 토대로 해결책을 이끌어 냅니다. 설계자의 상상력은 전적으로 그와 소통하는 사용자의 상상력을 일깨우는 데 집중되고, 그만큼 그의 해결책은 서로의 지속적인 접촉과 대화를 통해, 당면한 문제의 본질에 점점 더 가까이 접근하는 일련의 대안을 토대로 나올 겁니다.

결과의 평가 단계에서 주목해야 할 것은 사용자의 요구에 따라 생산품이 사용되는 방식입니다. 결과적으로 평가는 사용자의 요구가 얼마나 충족되었느냐에 따라 긍정적일 수도 부정적일 수도 있겠죠. 주의해야 할 점은 실용적인 요구만 중요한 것이 아니라 창조적인 요구도 중요하다는 것입니다. 건축 작품은 물질적인 차원에서 삶의 조건을 향상할 뿐 아니라 사용자가 자기 자신을 표현하며 소통하고자 하는 요구를 뒷받침할 수 있어야 합니다. 따라서 건축물의 구조는 사용자 입장에서 지속적인 적응과 새로운 변화가 언제나 가능하도록 만들어져야 하고 변화의 가능성 자체는 건축 기획의 진정한 확장으로, 건축 기획과 본질적으로 일치하는 가능성으로 간주되어야 합니다.

참여의 실천은 어쨌든 건축적 실현 과정의 모든 순간을 변화시킬 뿐 아니라 다양한 순간들 사이의 구조적인 관계에도 변화를 일으킵니다. 매 순간은 뒤를 잇는 순간에 영향을 미칠 뿐 아니라 일종의 피드백을 통해 이미 지나간 순간에도 다시 영향을 미칩니다. 이러한 변화는 행위와 피드백의 총체가 그것을 함축하는 건축의 실현 과정 자체를 초월해 유사한 형태의 또 다른 실현 과정으로 투영될 때까지 지속됩니다. 이런 방식으로 목표, 해결책, 사용 방식, 판단 기준 등은 상호 보완 체계를 유지하며 계속 성장하는 경험들을 생성해 냅니다. 여기서 건축 기획은 하나의 과정으로 변합니다.

요점 2. 질서와 무질서

몇몇 중요한 현대 건축가들[43]이 라스베이거스를 세계에서 가장 아름다운 도시 가운데 하나로 주목했다는 사실은 상

---

43   데 카를로가 말하는 이 건축가들은 로버트 벤투리Robert Venturi와 데니스 스콧 브라운Denise Scott Brown이다. 이들은 당시에 「라스베이거스의 교훈Learning from Las Vegas」이라는 글을 《아키텍처럴 포럼Architectural Forum》(3월, 1968, pp.37~43)에 발표했고 이는 뒤이어 1972년에 같은 제목으로 출판된 단행본 『라스베이거스의 교훈Learning from Las Vegas』(MIT Press, Cambridge Mass.)의 첫 번째 챕터가 된다. 스티븐 아이즈너Steven Izenour와 함께 쓴 이 책은 팝 문화의 고전으로 여겨진다.

당히 흥미롭습니다. 아울러 팝아트가 우리 시대의 가장 저속한 생산품에서 예술적 표현이 가능한 생명력 있는 재료를 발견했다는 것도 똑같이 흥미로운 일이죠.

저는 이 두 사건 모두 어떤 식으로든 사람들 간의 소통 영역을 확장시켰다고 봅니다. 왜냐하면 당시만 해도 대수롭지 않거나 심지어 역겹게 여겨지던 몇 가지 표현 형식을 일상에 도입했기 때문입니다. 하지만 저는 이러한 변화의 결과가 대부분의 지식인이 생각하는 것처럼 전복적이고 돌이킬 수 없는 효과를 낳았다고는 생각하지 않습니다.

결국, 라스베이거스의 발견은 사실상 미스 반 데어 로에Mies van der Rohe의 추종자들이 고집하던 추상적 기술 만능주의의 환영과 바우하우스Bauhaus의 후계자들이 고집하던 지루한 도덕주의에 대한 독립 선언을 상징하는 것이죠.

아울러 저속성의 발견은 무엇보다도 '예술은 아름다움의 표현'이라는 오래된 신화적 미학 원리를 거부하는 또 다른 '마지막' 몸부림을 상징합니다.

하지만 라스베이거스와 팝아트의 발견은 사실 건축과 예술의 영역 '내부에서 이루어진 논쟁'의 결과였고 이를 두고 건축과 예술의 영역 바깥에서는 어느 누구도 눈 하나 깜짝하지 않았습니다. 라스베이거스와 팝아트의 탄생이 기여한 바가 있다면 그것은 오히려 경제적·사회적 발전의 몇몇 비정상적이고 부담스러운 결과들을 좀 더 견딜 만하고 받아들일 만한 것으로 만들었다는 데 있습니다.

50년 전에 다다이즘이 이와 유사한 길을 걸었죠. 하지만 다다이즘의 탐색은 훨씬 더 치밀했고 결국 문제의 핵심을 드러내는 데 성공했습니다. 이 문제의 핵심이란, 일련의 사건 혹은 사유의 총체가 제도적인 가치 체계와 일치하는 모양새를 취할 때 '질서'의 상태가 유지되는 반면 제도의 강요에서 벗어날 때에는 '무질서'의 창조적인 힘을 '질서'에 대립시키게 된다는 것이었습니다.

사실 건축은 본질적으로 '질서를 정립하는' 활동입니다. 비트루비우스Vitruvius의 시대부터 오늘날까지 건축에 이러한 역할을 부여하지 않은 기획이나 설계, 이론서는 존재하지 않았습니다. 하지만 물리적 체계를 정의하는 데 요구되는 정보가 많으면 많을수록 그 체계가 더욱 활발해진다는 사실은 누구나 쉽게 확인할 수 있습니다. 다시 말해 물리적 체계는 고유의 엔트로피 지수가 높으면 높을수록, 무질서의 상태가 심화되면 심화될수록 더 생동적입니다. 어쩌면 비트루비우스도, 피터 블레이크나 우리들의 경우처럼 도시를 방문했을 때 '질서' 있게 펼쳐지는 대로들을 감상하는 데 따분함을 느낀 나머지 다양한 활동이 펼쳐지고 복잡하게 얽혀 있는 체계와 구도 속에서 온갖 형상이 꽃을 피우며 '무질서' 하게 펼쳐지는 골목길을 찾았을지도 모릅니다. '질서' 속에 강요에 의한 절망적인 권태가, '무질서' 속에 참여를 통한 상상의 환희가 있는 법이니까요.

'요점 2'는 이 상태로 매듭을 지어도 괜찮을 거라는 생각이 듭니다. 원래의 목적도 어떤 문제를 해결하는 것이 아니라 있는 그대로 소개하는 것이었으니까요. 하지만 라스베이거스를 예로 들며 시작했으니 오해를 피하기 위해서라도 몇 가지 부연 설명을 해야 할 것 같습니다.

모두 세 가지인데, 첫 번째로 물리적 공간에는 두 종류의 무질서가 존재한다는 것입니다. 하나는 독립적인 상황에서 유래하거나 제도적 관리 체제가 강요하는 균일화 과정에 대한 불복종 현상에서 유래합니다. 그리고 집단적 표현의 자유가 여전히 가능한 곳에서 표출되죠. 다른 하나는 제도적 관리 체제 자체의 병적인 상황에서 유래합니다. 그리고 저항 세력의 부재로 인해, 관리 체제가 고유의 원리 원칙에 위배되는 비정상적인 결과들을 일으키는 곳에서 표출됩니다. 전자가 참여에 의한 무질서라면, 후자의 경우 무질서는 소외, 착취, 폭력에서 비롯됩니다.

　　두 번째로 덧붙이고 싶은 것은, 참여에 따르는 '무질서'가 아무런 구조도 지니지 않는 우발적인 현상은 아니라는 점입니다. 무질서는 오히려 질서를 뒷받침하는 것보다 훨씬 더 세분화되고 유연한 행동 방식과 가치 체계를 토대로 정립됩니다. 건축은 복합적인 사건을 생산해 낸 적이 극히 드뭅니다. 왜냐하면 질서를 집요하게 추구하는 성향 탓에 눈이 어두워져 무질서의 논리를 한 번도 깊이 파고든 적이 없기 때문입니다. 건축이 인간 자체에 관심을 기울였을 때에도 목적은 인간을 질서의 세계로 인도하기 위해서였습니다.

　　세 번째는 무질서가 질서와는 달리 기획될 수 없다는 것입니다. 이를 시도한 사람이 있다고 해도 그가 기획한 것은 결과적으로 '무질서한 질서', 즉 또 다른 유형의 질서에 불과합니다. 실제로 관건은 무질서의 외면적인 특징들을 재생하는 것이 아니라 무질서가 자유롭게 표출될 수 있는 조건을 마련하는 것입니다.

요점 3. 열린 체계

최근 15년간 건축계의 일각에선 이른바 열린 체계를 탐구하는 데 많은 노력을 기울였습니다. 열린 체계는 유연하고 변화무쌍한 동시에 성장을 거듭하고 단계별로 실현 가능한 체계를 말합니다. 체계가 완성된 형태의 구조를 취할 때, 각 단계의 결말 부분에서 다시 열릴 준비가 되어 있다면 이를 '열린 결말 체계open-ended systems'라고 부릅니다.

학자들이 열린 체계를 탐구하기 시작한 동기는 다양하고 복합적입니다.

여기에는 무엇보다도 개인적이거나 사회적인 행위 또는 입장의 변화 속도가 점점 더 빨라지고 있다는 점에 대한 인식에서 유래하는 사회학적인 유형의 동기가 있습니다. 따라서 일련의 활동이 유동적이지 않고 이미 결정되어 있는 하나의 물리적인 구조 안에 갇혀 버린다는 것은 비합리적으로 보입니다. 이런 경우에는 사실상 구조물이 활동 자체의 발전을 방해하거나 활동의 발전이 구조물을 파괴하겠죠.

아울러 경제적인 유형의 동기가 있습니다. 이는 구조물의 기능적 퇴화와 물리적 노후화 사이의 차이가 점점 더 크게 벌어지는 현실의 자각에서 비롯됩니다. 달리 말하자면 구조물 자체의 수명은 어느 정도 일정하게 유지되는 데 비해, 그 구조물을 제대로 활용하는 기간은 점점 더 짧아지는 현상에 기인하는 거죠. 결과적으로 발생하는 낭비를 피하기 위해서는 아예 빠르게 소모되는 구조를 택하거나 아니면 활동의 변화에 적응할 줄 아는 구조를 찾게 됩니다.

더 나아가 기술적인 유형의 동기가 있습니다. 이는 기

술의 발전이 어떤 구조적 체계를 구성하는 다양한 요소들의 관계를 점점 더 유동적으로 만든다는 인식에서 유래합니다. 결과적으로 사람들의 관심이 다양한 요소의 집합체(하드웨어)가 지니는 물질적인 차원의 질보다 이 요소들의 관계(소프트웨어)를 결정짓는 연결 고리들의 질 쪽으로 자연스럽게 기울어진다는 점에 주목했던 거죠.

끝으로 일련의 부차적인 동기와 원인이 존재합니다. 이 동기들은 사람들의 안일한 관찰 습관을 더욱더 강렬하고 자극적인 감성으로 대체하려는 경향이 있는 사회에서 의미 부여 기능과 소통의 기량을 지닌 형식들의 구성이나 질과 직결됩니다. 이러한 다양한 요소와 동기들을 토대로 열린 체계를 탐구한 끝에 상당히 흥미로운 결과들이 나왔습니다. 최근의 가장 의미 있는 건축 작품들이 바로 이러한 탐구의 관점을 모체로 탄생했죠. 무엇보다 흥미로운 것은, 물론 추진자들 스스로 항상 분명하게 의식했던 것은 아니지만, 열린 체계에 대한 탐구가 참여를 바탕으로 하는 건축의 형성에 크게 이바지했다는 점입니다. 열린 체계의 탐구는 실제로 건축을 사용자 입장에서 침투 불가능한 것으로 만들어 버리던 핵심 원인, 즉 독립성, 자율성, 자족성의 원칙들을 모두 위기에 빠트렸고, 아울러 환경의 구성 방식과 환경을 지배하는 맥락의 지속적인 발전 사이에 상호 의존 관계가 존재한다는 점을 분명하게 보여 주면서, 건축의 '기획'을 '과정'으로 변형시킬 수 있는 길을 열었습니다.

요점 4. 건축의 죽음, 건축의 생명

현재 일어나고 있는 일들을 냉정한 시선으로 바라보면 건축에는 더 이상 아무도 관심을 기울이지 않는다고 말할 수 있습니다. 전통적인 고객들도 건축에 흥미를 잃었습니다. 왜냐하면 이들이 갖고 있는 권력과 투자의 문제를 더는 효과적이고 빠른 방식으로 해결하지 못하기 때문이죠. 정부도 건축가들에게 더 이상 관심을 기울이지 않습니다. 훨씬 더 강렬하고 공격적인 분야의 활동에 비해 건축은 미약하고 보잘것없는 상징들만 생산해 낼 뿐이니까요. 건축에는 일반인조차 관심을 두지 않습니다. 건축이 그들의 기대에 부응하는 어떤 제안도 하지 않기 때문입니다.

더 이상 아무도 관심을 기울이지 않는 만큼 건축은 이제 사라질 위기에 처했다고 볼 수 있습니다. 물론 건축가들을 겁주기 위해 던지는 농담은 아닙니다. 건축가는 어떤 식으로든 살아남을 테고 새로운 상황에 적응하거나 아니면 은퇴를 선택한 뒤 소수의 궁금증을 해결하기 위해 과거의 건축을 떠올리며 단편적인 기억들을 키워 나갈 수도 있겠죠.

제 말이 공포를 조장하거나 단순히 재미 삼아 던진 농담이 아니라는 점은 세계의 운명을 좌우하는 정치가들의 결정을 부추기는 전문가들의 진단 내용을 살펴보면 쉽게 확인하실 수 있습니다. 이들의 진단은 물리적 공간을 체계화하는 것이 상당히 심각한 문제인 동시에 아주 간단한 문제라는 것입니다. 이를 해결하려면 가장 골치 아픈 문제에 속하는 주택과 교통 문제를 가능한 한 신속하게 최소한의 노력으로 해결할 수 있는 인물에게 맡기면 그만이라는 거죠.

이런 식의 기획을 실행에 옮기는 데 가장 먼저 요구되는 것은 장애물을 인지하는 것입니다. 주저하지 않고 장애물을 피해 가기 위해서죠. 뒤이어 가장 효과적인 도구들을 활용해 그것들이 줄 수 있는 것을 최대한 얻어 내는 데 집중하고 질적인 차원의 향상을 요구하지 말아야 합니다. 이 도구들과는 본질적으로 거리가 먼 이야기이니까요.

도시를 예로 들어 보겠습니다. 도시는 사회적이고 형태학적인 차원의 복합성 때문에 뛰어넘기가 힘든 장애물입니다. 바로 그런 이유에서 피해야 할 문제로 간주됩니다. 반대로 사람들은 필요한 토지를 편리하게 활용할 수 있는 교외 지역을 개발하는 데 총력을 기울입니다. 이런 곳의 구조물은 트레일러로도 혹은 이와 유사한 장치로도 구축될 수 있고 산업체들은 이러한 장치들을 빠르고 정확하게 싼 가격으로 생산해 냅니다. 교외 지역들 간의 연결도 관료들이 제시하는 광범위한 도로망에 의해 보장됩니다.

이러한 유형의 기획이 시행된다면 세상은 모든 형태의 건축 예술이 깨끗하게 사라진 공간으로 변할 것입니다. 하지만 세상이 건축 없이 견딜 수 있을까요? 건축이 계속해서 아무짝에도 쓸모없는 것으로 남아 있으면 세상은 건축 없이 발전할 것입니다. 이런 일을 막으려면 먼저 건축이 바뀌어야 합니다.

건축이 오늘날 유지하는 권위적인 위치를 포기하고 사람들 입장에 선다면 사람들은 건축을 편들어 줄 겁니다.

드디어 제 사변적인 고찰을 마감해야 할 시점에 도달한 것 같습니다.

지금까지, 아마도 이 만남의 기회를 마련한 분들이 처음에 제안했던 것과는 완전히 일치하지 않는 문제들을 다루었다는 점을 저도 인지하고 있기 때문에 이 점에 대해 깊이 사과드리고 싶습니다.

하지만 이런 방식이 아니었다면 저는 무슨 이야기를 어떻게 해야 할지 몰랐을 겁니다. 제가 연구를 계속해 오면서 지니게 된 신념은 1970년대의 건축이 제가 오늘 묘사한 방향으로 나아간다면, 문화적이고 사회적인 토론의 기본 주제로 부각되리라는 의미에서, 흥미롭게 전개될 수 있으리라는 것입니다. 다시 말해 건축의 구성과 형식을 정의하는 단계에 보다 많은 사람들의 참여가 이루어진다면, 그래서 건축가들의 도움으로 설계자의 의지는 점점 더 줄어들고 사용자의 의지가 더 부각된다면 건축은 얼마든지 흥미로워질 수 있습니다.

기획과 참여
리미니의 경우
_____

솔직히 말해 저는 아직도 여러분이 듣고 싶은 게 리미니의
신시가지 건설 계획에 대한 이야기인지 아니면 일반인의 도
시계획 참여를 전제로 구축되는 건축 이론과 방법론에 대한
이야기인지 확실히 모르겠습니다. 그러니까 최근에 제가 주
인공으로 활동했던 상황의 실제 경험에 대해 이야기해야 하
는지 아니면 제가 오래전부터 지속해 온 실험적인 탐구 방
식을 객관적으로 이야기해야 하는지 여전히 파악하지 못한
셈입니다.

　이렇게 여러분의 기대치와 제 선택의 간극에서 비롯된
불확실한 상황에 처하게 된 만큼, 저로서는 결국 각 논제의
핵심을 파고드는 대신, 두 논제의 언저리를 번갈아 훑어 볼
수 있는 사인파와 유사한 행로를 택해야 할 것 같습니다.

　주요 내용은 리미니의 신시가지 계획과 일반인의 실질
적인 참여라는 빼놓을 수 없는 주제가 되겠지만 동시에 참
여의 몇 가지 이론적이고 방법론적인 측면과 이러한 측면들
이 계획에 어떤 식으로 적용되었는지에 대해서도 언급할 생

각입니다. 그러면 아마도 계획에 대해 이야기하면서 논쟁을, 참여에 대해 이야기하면서 추상적인 언급을 피할 수 있을 거라고 봅니다.

무엇보다도 먼저 말씀드리고 싶은 것은 참여가 상당히 어려운 일이라는 점입니다. 카를로 돌리오Carlo Doglio는 현재 도시계획 분야에서 거론되는 참여에 대한 담론이, 그와 관련된 일련의 경험과정으로 볼 때 시작인지 끝인지 잘 모르겠다고 말하곤 했습니다.

상당히 날카로운 지적입니다. 끝이라면 기만이자 부패의 결과이겠지만 시작이라면 발견이자 희망일 테니까요.

물론 여러 상황과 기류, 추진자들의 존재를 고려하면 끝인 동시에 시작이라고도 볼 수 있습니다. 하지만 저는 시작이라는 쪽을 선택하고 싶습니다. 왜냐하면 권력이라는 추상적인 측면이 아니라 일반인의 참여 의지가 증가하고 있다는 구체적인 현실에 관심을 집중하면 신빙성이 있기 때문입니다.

아마도 여기 모인 청년들은 잘 모를 수도 있는 서독 총리 아데나워Konrad Adenauer는 가장 먼저 참여에 주목했던 인물 가운데 한 명입니다. 노동자도 기업의 주식을 소유할 수 있게 함으로써 이들이 기업의 이윤 분배에 참여할 수 있는 가능성을 모색했던 인물이죠. 물론 이것이 노동자에게 소유주가 될 수 있다는 환상을 선사하며 이들의 동의를 이끌어 내려는 일종의 간계였다는 점은 의심할 여지가 없습니다. 하지만 이에 못지않게 분명한 점은 여기서 이 간계에 상응하는 정반대의 의지, 즉 자본주의의 노예로 살아가지 않겠다는 독일 노동자들의 확고한 의지 표명을 읽을 수 있다는 것입니다.

드골Charles De Gaulle 역시 새로운 유형의 참여에 주목했고 이를 바탕으로 전개되어야 할 생산 체계 재구성의 필요성을 인정했습니다. 사실은 아데나워와 상당히 유사한 무언가를 시도했던 셈이죠. 여기서도 관건은 간계, 물론 좀 더 계몽주의적이고 결과적으로 훨씬 더 솔직하고 시대를 넘어서는 듯한 간계지만, 다시 한번 이에 상응하는 정반대의 의지, 즉 프랑스 학생과 노동자들의 반항 의식을 발견할 수 있습니다. 이들은 프랑스를 혼란에 빠트리며 구조적으로 정부 기관에 예속되어 있던 모든 도시 공간을 누구나 사용할 수 있는 공간으로 만들었습니다.

이런 일이 도시계획 분야에서도 일어날 수 있을까요? 저는 가능하리라고 봅니다. 단지 건축이라는 활동 분야가 모든 면에서 여전히 불확실하고 복잡한 상태로 남아 있을 뿐 아니라 바로 그런 이유에서 지금까지 부차적인 활동으로만 간주되어 왔고 더 나아가 아직도 진정한 의미의 과학적 체계를 갖추지 못했다는 점은 감안할 필요가 있습니다.

지난 50년간의 역사를 살펴보면 계몽주의 성향이 강했던 첫 번째 시기에 건축을 지배했던 것은 형식적인 질서의 환영, 다시 말해 사회적·정치적 관리 체계의 비체계성과 불규칙성을 은폐하기 위해 필요했던 질서라는 이름의 환영이었습니다. 공로를 인정받아야 마땅하지만 동시에 무지했던 도시계획가들을 매료했던 것이 바로 이것이었죠.

두 번째 시기를 지배했던 것은 일종의 발전 지상주의입

니다. 같은 시기에 이탈리아에서 중도 좌파가 등장했죠. 이 시기에는 발전이 모든 것에 우선하는 가치였고 따라서 발전에 요구되는 효과를 극대화하기 위해 모든 행위가 집중되고 체계화되는 양상을 보였습니다. 아울러 극대화를 위해 필요한 것은 무엇보다도 정확한 분석과 건설의 기술이었고 이 기술의 정확도를 극대화하기 위해 필요한 것은 가치 평가의 보류였습니다. 가치 평가는 그 자체로 일종의 공해처럼 취급되었죠.

끝으로 세 번째 시기에 사람들은 형식적인 질서의 환영뿐만 아니라 중립적인 발전 지상주의 역시 자본주의의 착취 현상과 관료주의의 억압을 미화하는 데 일종의 수사학처럼 쓰일 뿐이라는 사실을 깨닫기 시작했습니다. 결과적으로 이러한 방향을 고집할 때—대학에서 배우는 추상적인 도시계획과는 무관하게—도시계획의 현실이 갈등을 양산하는 데 직접 기여한다는 사실을 이해하게 되었죠.

이 시점에서 사람들은 가치 평가가 오히려 모든 분석과 조치의 진정한 근본적 동기라는 점에 주목하기 시작했고 결과적으로 몇몇 분야에서 참여에 대한 논의가 시작되었습니다.

저는 카를로 돌리오가 이러한 결과를 어떤 주기의 새로운 시작으로 보아야 하는지 아니면 결말로 보아야 하는지 '물었을 때'는 그가 옳았다고 생각합니다. 정확한 질문을 던졌기 때문이죠. 하지만 그가 스스로의 질문에 대해 넌지시 '결말'이라는 답변을 '제시했을 때'는 틀렸다고 생각합니다. 물론 오늘날 참여를 주제로 벌어지는 토론 내용의 상당 부분이 착취와 억압의 상황을 새로운 방식으로 포장해서 이를 그대로 유지하고 이에 대해 동의를 얻으려는 시도라는 것은 널리 알려진 사실입니다. 하지만 우리가 주목해야 할 또 한 가지 사실은, 자신들이 원하는 대로 물리적 공간을 꾸미고 관리할 권리를 아주 구체적인 방식으로 주장하며 그 권리를 행사하기 위해 직접 뛰어드는 부류의 사람들이 존재한다는 것입니다. 실제로는 건축가들과 도시계획가들 사이에도, 수가 그리 많지는 않지만, 이러한 새로운 현실을 기반으로 건축과 도시계획이 본질적으로 재정립되어야 하고 이 분야의 역할이 새롭게 정의되어야 한다고 주장하는 사람들이 있습니다.

혼란스럽지만 참여도 두 갈래로, 즉 권력에 길든 참여와 직접적인 행위를 통해 구체화되는 참여로 나뉩니다. 두 번째 참여 방식의 내부에서도 또 다른 혼란이 발견되지만 이에 대해서는 좀 더 뒤에 다루기로 하죠. 저는 이러한 전환이 어떤 식으로든 중요한 변화로 드러났다고 생각합니다. 아울러 이러한 변화와 함께 형성된 새로운 관점의 현실화가 더 이상 단순한 지적 활동이 아니라 사회적 소통의 방향과 결과에 달려 있다고 생각합니다.

흥미로운 것은 이러한 현상들이 전 세계적으로, 심지어는 미국에서도, 동시에 벌어지고 있다는 것입니다. 사실 이러한 현상이 일어날 조짐이 일찍부터 보였던 곳은 미국이죠. 한편에서는 사람들이 도시계획 및 토목 건설 부문에서 이루어지는 고위층의 일방적인 결정과 억압적인 정책에 반대하며 시위를 벌이고 있고 다른 한편에서는 권력 체계에 저항하며 소규모 공동체를 위해 일하는 새로운 기술자들을 중심으로 저항 세력이 촘촘한 그물망을 구축하고 있습니다.

　이러한 맥락에서 형성된 것이 바로 '시민 참여형 계획 advo-cacy planning'입니다. 도시계획 사업의 기본 형태 가운데 하나로 고안된 이 '옹호적 계획'의 대상은 주로 변두리에 사는 극빈자나 소외된 시민이었고, 그 목적은 해당 구역의 변형 및 관리와 관련된 다양한 전문 분야에서 활동하는 일군의 지원자를 동원해 이 변두리의 시민을 보조하고 보호하는 것이었습니다. 물론 온정주의자들에 의해 수용되고 다른 한편으로는 권력층에 의해 일종의 차선책으로 선택된 '시민 참여형 계획'이 최근 몇 년간 초기의 열정을 다소 잃기는 했지만, 다름 아닌 이 계획을 모체로 공동체를 '위해서'가 아니라 공동체와 '함께' 일하려는 좀 더 급진적인 성향들이 탄생했다는 점에 주목해야 합니다. 도시계획 분야에서 이와 유사한 변화들은 좀 더 구체적인 형태로, 어쩌면 좀 더 활발하게 세계 곳곳에서 벌어지고 있고 예를 들어, 조금은 상반되는 경우지만, 아르헨티나와 잉글랜드에서 일어나고 있습니다.

　이탈리아를 비롯한 서유럽 국가들에서는 기초적인 형태의 도시계획 사업이 부각되기 힘든 상황이었습니다. 왜냐하면 고질적인 이상주의의 영향 아래 미시적 세계관을 무의미하게 여기는 성향이 강했고, 주변 환경에 물리적 변화를 가하는 조치는 우선 거시적 세계 전체를 변화시키는 총체적인 재생 과정의 자연적인 결과여야 한다는 생각이 지배적이었기 때문이죠. 도시계획의 기초 사업에 믿음을 지닌 기술자들이 없었습니다. 하지만 무엇보다도 놀라운 것은 이 사업에서 어떤 의미를 발견하는 정치가들도 없었다는 것이죠.

결과적으로 이탈리아에서 도시계획의 기초 사업은 다름 아닌 '기초'에서부터, 즉 밑바닥에서부터 전개되기 시작했습니다. 그런 식으로 지금은 당연하게 받아들이지만 몇 년 전에는 그렇지 않았던 진리, 즉 영토는 언제나 권력층에게 유리하고 일반 서민 계층에게 불리한 방향으로 분석되고 변형되고 구성되고 착취된다는 진리를 스스로 발견했습니다.

이런 진리가 지금은 당연한 사실로 여겨진다고 말씀드렸는데요, 이를 확인하기 위해, 아울러 여러분과의 약속을 지킨다는 의미에서 도시 리미니를 예로 들어 보겠습니다.

모든 도시의 구성 체계와 외관에는 해당 도시의 역사 속에서 매 순간 어떤 식으로 물리적 공간이 배분되어 왔는지에 대한 정확한 기록과 이에 대한 흔적들이 남아 있습니다.

이는 도시가 유지하는 구도의 퇴적층에서 도시 전지역에 걸쳐 '누가', '언제', '어떻게' 착취했고 반대로 '누가', '얼마나' 착취당했는지 관찰하며 이해할 수 있는 사람에게는 자명한 사실입니다. 우리가 발견하는 단서들은 언제나 역사적 기록에 쓰인 것들보다 훨씬 더 객관적이고 정확합니다.

리미니의 도시계획은 특별한 중요성을 지니는 독특한 사례입니다. 이러한 사실은 문서, 선례, 유물 등을 통해 도시가 발전해 온 과정의 여러 단계를 비교해 보면 분명하게 드러납니다. 특히 최근 60년 동안 리미니의 행정부가 생산해 낸 수많은 도시계획안들만 살펴보아도 충분히 알수 있죠. 통과된 계획안들이 있는 반면 내용이 훨씬 풍부한데도 무산되어 곧장 서랍 안으로 들어간 계획안들도 많이 찾아볼 수 있습니다.

적당한 시점이 되면 제가 리미니에서 이 부분에 대해 관찰하고 경험한 내용을 공개할 생각입니다만, 지금은 무엇보다도 예외적인 중요성을 지닐 뿐 아니라 여전히 진행 중이기 때문에 흥미로울 수밖에 없는 독특한 사례를 언급하는 것으로 만족할까 합니다.

다름 아닌 리미니의 해변 개발 사업에 관한 이야기입니다. 리미니 최초의 해수욕장은 교황의 명령으로 건설되었습니다. 그러니까 사적인 결정이었는데 이 결정이 공공의 지지를 얻을 수 있었던 것은 해수욕장과 함께 바닷가를 따라 긴 직선 도로가 건설되었기 때문입니다. 사람들은 여전히 이 도로를 '해수욕장 길'이라고 부릅니다. 1861년에는 성벽과 이 직선 도로가 만나는 지점에 기차역이 들어섰습니다.

이런 식으로 새로운 도시계획의 모체라고 부를 수 있는 것이, 사적인 경제력과 공적인 행정력의 완벽한 조화 속에서 리미니라는 도시에 새겨진 셈이죠. 관건은 길게 뻗어 있는 바닷가를 최대한 활용하는 것이었습니다. 해수욕장 건설로 발판이 마련되고 직선 도로가 해수욕장과 도시를 연결해 주는 역할을 했다면 시기적절하게 진행된 기차역 건설은 투자가 공평하게 분산된다는 인상을 심어 주었습니다. 하지만 그다음 단계에서 요구되었던 사항은 도시계획의 확장이었고, 이는 신중을 요하는 일이었습니다. 왜냐하면 착취라는 목표를 은폐할 명분이 필요했기 때문입니다. 실제로 1873년에 해수욕장 남쪽으로 조금 떨어진 곳에 보양 시설이 설립되었습니다. 피부샘병에 걸린 아이들이 이곳에서 바다를 즐기며 수중 치료를 받을 수 있었죠. 하지만 보양 시설이 고립된 상태로 남아 있어서는 안 된다는 문제가 제기되었습니다. 그래서 익명의 건축 회사와 저축 은행이 뛰어들어 해수욕장과 보양 시설 사이의 토지를 구획하고 정원이 딸린 주택을 짓기 시작했죠. 뒤이어 이 지역으로 통하는 또 다른 길이 필요하다는 문제점이 제기되었을 때, 시에서는 마차처럼 생긴 지상철을 처음으로 도입한 뒤 기차역에서 출발해 보양 시설을 거쳐 바닷가까지 이어지는 노선을 개발했습니다.

이런 식으로 해수욕장 주변은 리미니에서 인프라가 가장 풍부한 지역으로 성장했고, 이러한 사실을 인지한 시청 관계자들은 '투기' 위험이 도사리고 있다는 판단 아래 이 지대가 국유 재산이라고 선포했습니다. 사람들은 흡족해했습니다. 이제는 모든 것이 모두를 위해 좋은 방향으로 흘러가고 있다는 느낌을 받았으니까요. 하지만 해변의 기간 시설이 철도 사업을 추월하면서 더욱 완벽한 체계를 갖출 무렵 익명의 건축 회사가 자본을 축적하고 누군가가 부당한 이득을 취하는 경우들이 발생하자 1906년에 느닷없이 국유 재산제 적용 조치가 취소되고 지역의 토지를 자율적으로 활용할 수 있는 시대가 열렸습니다. 관리들은 머지않아 아이들을 위한 보양 시설이 사회적인 차원에서 이 지역에 부적합하다는 판단을 내렸고 결국 피부샘병에 걸린 아이들을 모두 집으로 돌려보냈습니다.

해변 건설과 기관 시설 확장 사업은 리미니의 발전에 커다란 걸림돌이 되었고 거의 모든 면에 악영향을 끼쳤습니다. 뿌리 깊은 체계적·형태학적 불균형 때문에 뒤틀린 모습을 그대로 드러내는 도시 구조, 획일적으로만 기능하기 때문에 세분화와 내부 조정이 불가능한 경제 구조, 도시민 중산층의 단계에서 고착되려는 성향을 보이는 사회 구조 등이 모두 동일한 원인에서 비롯되었다고 볼 수 있죠. '세티마나 로사Settimana rossa'[44] 시대에 도드라졌던 프롤레타리아의 입장이나 의식은 산 줄리아노나 게토 같은 몇몇 지역에서만 살아남은 듯 보입니다.

그러니까 제가 지금 여기서 지적하고 싶은 부분은 해변 지역의 건설 사업이 일반 서민들은 전혀 모르는 상태에서 전개되었다는 것입니다. 경제력을 갖춘 세력과 정치·행정력을 갖춘 세력의 야비하고 집요한 결탁 현상이 진보의 수사학으로 장식되는 상황은 소수의 금융인과 사업가들의 이윤 추구를 위한 사기 행각을 애국적인 행동으로 보이게 만들고 수많은 어부, 선원, 인부, 장인, 농부의 불이익을 은폐하는 결과로 이어졌습니다.

60년이 지난 지금도 이러한 결탁 현상은 사람들의 무의식과 무관심 속에서 여전히 계속되고 있습니다. 더 이상 주목하지 않는 습관 같은 것이 되어 버린 거죠. 단지 불이익을 보는 몇몇 직업군이 사라지고 몇몇이 새로 추가되었을 뿐입니다. 예를 들어 시골 논밭이나 상황이 열악한 지역에서 아무런 보장이나 보호 혜택 없이 일하는 계절노동자나 일용 노동자, 또는 어음 부도 선고와 여행사들의 지불액 삭감 사이를 오가며 절망적인 삶을 살아가는 영세 사업가들이

---

44 '붉은 일주일'이란 뜻으로 이탈리아 안코나에서 파업과 함께 일어난 민중 봉기를 말한다. 1914년 6월 7일부터 14일까지 이어졌다. ─ 옮긴이

등장했죠.

어찌 되었든 리미니 해변 지역의 건설사建設史는 어떤 식으로 소수의 특정 계층이 다수에게 불리한 방식으로 영토를 악용할 수 있는지, 그리고 본질적인 차원에서 도시계획에 부정적인 결과들을 가져올 수밖에 없는 사업을 추진하며 어떻게 이를 진보적인 것으로 포장하고 결국 착취 행위를 은폐하는 데 직접 관여하게 되는지 보여 주는 좋은 예라고 할 수 있습니다. 여기서 확인할 수 있는 것은 결과적으로, 도시계획이 상부 구조를 다루는 작업임에도 불구하고 경제 구조에 직접 영향을 끼칠 수 있는 물리적 원인을 생산해 낼 수 있다는 점입니다. 도시계획은 이러한 잠재력을 발휘할 수 있지만, 정치적 정당성을 확보하기 원한다면 무엇보다도 도시계획의 동기와 결과가 구체화되는 과정에 일반 시민 계층이 '반드시' 참여하게 만들어야 하고 아울러 이윤을 둘러싼 계층 간 분쟁이 불가피할 때 일반 시민 계층의 입장을 최우선으로 선택할 수 있어야 합니다.

간단히 말하자면 본질적인 차원에서 필요한 것은 '역할의 선택'입니다. 이것이 바로 오늘날 도시계획이 맞닥트린 가장 핵심적인 문제죠.

하지만 '역할을 선택'한다는 것이 선택한 사람들의 입장을 보호하고 지키겠다는 훌륭한 의도로 임한다는 뜻은 아닙니다. 물론 누군가의 동의를 얻을 의도로 임한다는 의미도 아니죠. 왜냐하면 그런 단순한 의도가 전부라면 사실 아데나워나 드골의 목표에서 크게 벗어났다고 볼 수 없기 때문입니다. '역할을 선택'한다는 것은 오히려 어떤 입장에 선

사람들에게 주인공 역할을 부여하고 도시계획가의 역할에 근본적인 변화를 주겠다고 결정한다는 의미입니다. 도시계획가는 더는 권력자로부터 정해져 있는 과제를 받아 배운 대로 해결하는 기술자가 아닙니다. 아울러 해결해야 할 문제를 스스로 제시하고 정의한 뒤 자유롭게 기술적인 해결책을 고안해 내는 인물도, 혹은 공동선을 추구하고 이를 가능한 한 오래 유지하는 방식을 모색한다는 차원에서 기술, 관리, 사업 분야의 분쟁을 해결하기 위해 고위 관리, 정치가, 사업가와 비밀리에 협상을 주도하는 인물도 아닙니다. 도시계획가는 이와는 다르게 일반 시민의 참여를 권장하고 이들의 참여 과정을 조율하면서 시민 계층이 토지 활용 방식과 건축 형태를 선택할 때 결정적인 역할을 할 수 있도록 돕는 인물입니다. 이 과정에서 도시계획가가 행정가나 정치가와 밀접한 관계를 맺고 일한다는 것은 지극히 당연한 사실이지만, 이때 집행부 내부에서 직무와 책임의 분담이 주요 업무로 대두되는 현상은 피해야 합니다. 오히려 전문적인 기량이 조화롭게 발휘될 수 있는 방법을 모색해야 하고, 무엇보다도 참여하는 시민 공동체에 다양한 정보를 직접적이고 지속적인 방식으로 제공하는 일이 사실상 건축 대리인 역할을 대체할 수 있어야 합니다.

이 부분에 대해 저는 분명히 말하고 싶습니다. 도시계획가는 자신의 임무를 수행하기 위해 행정가나 정치가와 협조하지만 본인의 역할이 지니는 정치적 의미를 포기하지 말아야 하고 똑같은 의미에서 정치가와 행정가 역시 도시계획적인 전문적 평가의 특권을 포기하지 말아야 합니다. 더 나아가 도시계획가–행정가–정치가로 구성되는 집행부는 건설계획을 기술적으로 추진하고 관리하면서 건축 과정에 참여하는 시민 공동체의 요구들을 수동적으로 수용하기만 해서는 안 됩니다. 시민의 참여를 무의미하게 만들지 않으려면 우선 이들에게 다양한 선택의 경로를 제시해야 하고 이어서 이들이 스스로 내부적인 모순에서 벗어날 수 있도록 도와야 합니다. 왜냐하면 수 세기에 걸쳐 부패를 거듭해 온 결정 과정이 결정을 내리는 권력자만 오염시키지 않고 그 결정에 굴복해야 했던 사람도 함께 오염시켰기 때문입니다.

제가 이 부분을 계속 강조하는 이유는 최근 들어 신중한 개혁가들뿐만 아니라 무모한 선동가들까지 엄청난 혼란의 씨앗을 뿌려 놓았기 때문입니다. 참여 과정 내부에서 활동하는 도시계획가는 오로지 동의를 얻어 낼 목적으로 온건주의적인 입장을 취하거나 그에게 제시되는 요구들을 무비판적으로 기록만 하는 무책임한 방관자적 입장을 취할 때 시민 공동체를 배신한다고 볼 수밖에 없습니다. 전자의 경우가 위선적이라면 후자의 경우는 두 배나 더 위선적입니다. 왜냐하면 도시계획가가 대변하는 기술적 능력과 시민 공동체가 쌓아야 할 경험의 조화라는 문제를 변증적으로 해결해야 할 의무에서 벗어나도록 만들 뿐 아니라 심지어 그에게 비생산적인 중재자의 역할을 부여하여 결과적으로 자신의 직업을 깊이 이해할 의무를 저버리도록 만들면서 기술과 경험의 조화 자체를 불가능하게 만들기 때문입니다.

달리 말하자면 참여 과정 내부에서 활동하는 도시계획가는 권력의 그림자 밑에서 일하는 전통적인 도시계획가보다 훨씬 더 풍부한 재능과 뛰어난 기량을 지녀야 합니다. 그의 임무는 사실상 불공평한 상황에 대한 사람들의 의식을 일깨우고, 그 상황 뒤에 숨어 있는 동기들과 이들이 빚어내는 결과들을 조명하고, 토지의 활용과 구성 방식을 공동체의 실질적 요구에 상응하도록 개선하고, 공동체의 실제 요구와 기대에 부응하는 가치를 표현하는 건축적 구도와 형태의 체계화 방식을—물리적이고 삼차원적인 모형의 이미지로—제시하고, 분권화를 토대로 기획된 건설 사업의 실행과 관리 과정을 정립하는 동시에 직접적으로 혹은 간접적으로 관여하는 사회계층의 입장에서 관리를 주도할 수 있도록 만드는 것입니다.

이러한 과제의 복합적인 성격은 기획 능력과 동시에 대립적 요소를 다룰 줄 아는 태도를 요구하는데 이는 과학적, 정치적, 인간적 차원의 엄격한 준비 과정을 거쳐야만 가능한 일입니다. 사실상 도시계획을 실행하는 과정에서 떠오를 수밖에 없는 모순과 모호성을 청산할 수 있는 기량은 이러한 준비 과정을 거쳐야만 갖출 수 있습니다.

예를 들어 가치의 문제가 제기하는 어려움에 대해 제가 리미니에서 직접 경험했던 부분을 이야기해 보겠습니다. 언젠가 리미니에서 일종의 설문 조사를 한 적이 있습니다. 경제적으로나 사회적으로 다양한 계층의 시민에게 리미니라는 도시와 도시를 구성하는 여러 공간이 어떤 의미를 지니는지 묻는 것이었죠. 그중 하나는 리미니에서 가장 흥미롭다고 평가하는 건축물은 무엇인가라는 질문이었습니다. 사람들의 답변은 계층이나 나이나 성별과 상관없이 항상 똑같았습니다. 레온 바티스타 알베르티Leon Battista Alberti(1404~1472)의 '말라테스타 신전Tempio malatestiano'이었죠. 이 건축물이 특별한 작품이라는 점은 의심할 여지가 없고 또 유심히 살펴보면 예리한 상징물들이 건물을 놀라울 정도로 가득 채우고 있다는 사실에 주목하게 됩니다. 하지만 어쨌든 그곳에 사람은 '살지' 않습니다. 리미니의 시민들은 이 건물을 사용하지 않는다는 겁니다. 기능적인 측면에서가 아니라 관찰적인 측면, 즉 대상에 주의를 기울이지 않는다는 의미에서 활용하지 않습니다. 주변 공간도 언제나 텅 비어 있습니다. 트레 마르티리 광장으로 이동하며 이 건물 앞을 지날 때 쓰이는 보도는 건물 맞은 편에 있습니다. 마치 이 건물과 거리를 두려는 것처럼 느껴지죠.

저희는 이러한 상황이 상당히 흥미로웠습니다. 그래서 좀 더 깊이 분석해 보기로 하고 널리 사용되는 간접적인 질문 방식을 적용했죠. 그러니까 알베르티의 건축물에 대한 언급 없이 이 건물이 포함되어 있는 지역에 대한 의견을 물었습니다. 이번에 사람들의 답변은 달랐습니다. 앞서 리미니의 가장 중요하고 의미있는 건축 예술로 간주되던 건물은 마치 사라져 버린 것 같았죠. 건축적인 측면에서든 도시계획적인 측면에서든 큰 의미가 없는 몇몇 건물만 언급했을 뿐 레온 바티스타 알베르티의 위대한 건축물을 떠올리는 사람은 아무도 없었습니다.

이 시점에서 저희는 더욱더 궁금해졌습니다. 그래서 오래된 신문 기사들을 뒤지기 시작했죠. 물론 신문은 또 다른 이유로 이미 검토 중이었지만 다른 각도로 관찰하기 시작했습니다. 그리고 놀라운 사실을 발견했죠. 19세기 후반부터 제1차 세계 대전 발발 직전까지 '붉은 일주일' 사건을 비롯해 리미니에서 폭동이 일어날 때마다 사람들은 말라테스타 신전으로 달려가 쇠창살을 뜯어내고 기초석을 부수고 창문 유리를 깨트렸습니다. 단순한 해석이지만, 이 특이한 상황을 우리는 '수용 거부' 현상이라고 부를 수 있습니다.

건축 당시에 말라테스타 신전은 일종의 예기치 못한 우주선처럼 리미니에 나타났습니다. 당시 도시를 점령한 뒤 민중의 지지를 얻은 시지스몬도 말라테스타Sigismondo Malatesta(1417~1468)는 권력을 확보하고 체계화하기 시작했습니다. 이를 목적으로 대부분의 권력자들이 항상 그래 왔듯이 이전 체제의 권력 구조를 세탁하고 포장하는 과정을 거쳤죠. 뒤이어 이 세탁과 포장을 상징화하는 작업은 관례대로 건축가에게 맡겨졌습니다. 이 임무를 맡은 사람이 바로 레온 바티스타 알베르티였죠.

기존의 고딕 성당을 옥죄며 기막히게 감싸 안는 좌우 외벽의 틈 사이로 옛 성당의 자취를 엿볼 수 있는 이 외피가 무슨 의미인지 한 번이라도 생각해 보신 적이 있나요? 말라테스타의 입장에서는 아마도 과거의 성당과 이를 새로운 대리석으로 덮어씌워 만든 '신전'의 공생 관계가 내용과 외피의 관계 전복 때문에 완벽히 모호해진 것만으로도 충분히 만족스러웠을 겁니다. 하지만 알베르티에게는 이 프로젝트가 건축언어적 요소들의 모순적인 대립을 통해 양식의 측면에서 주제를 발전시키기 위한 출발점에 불과했죠.

이 도시의 건축적 맥락에서 이 건물과 연관된 요소들은

아우구스투스의 개선문과 티베리우스의 다리뿐이었습니다. 게다가 사실상 추상적인 성격의 참조 사항에 지나지 않았죠. 왜냐하면 당시 티베리우스의 다리는 일종의 골동품에 불과했고 아우구스투스의 개선문은 성벽의 일부로 남아 성문으로 활용되고 있었으니까요. 하지만 바로 무언가를 구체적으로 가리키거나 상징하지 않는다는 사실 때문에, 연관성 자체는 복합적인 연상 과정을 거칠 뿐 아무것도 발견하지 못하는 절대적으로 이질적인 상태에 도달하게 됩니다. 그런 식으로 건축적인 표현은 사실상 어떤 연관성도 찾아볼 수 없는 순수한 상태에 도달해 스스로를 투영하는 형태를 취하게 되죠.

이 '신전'을 관찰하면서 우리는 말라테스타의 정치적 야망에 알베르티의 건축 양식적 탐색이 정확하게 상응한다는 점을 주목할 필요가 있습니다. 건축은 권력자의 명분을, 내용의 직접적인 전달 차원에서 예리한 양식적 조화의 차원에 이르기까지, 고스란히 형상화해 냅니다. 아울러 우리는 이 '신전'에서 알베르티가 다른 어떤 작품에서보다 단호하게 건물의 모든 공간을 이질적인 요소들로 채워 넣기 위해 노력했다는 점을 인정해야 합니다. 재료와 기술뿐만 아니라 심지어 장인, 석공, 벽돌공까지 모두 외부에서 데려왔죠. 일부러 리미니의 건축 전통에 대해 아무것도 모르는 인력을 활용했던 겁니다.

따라서 과거나 현재 리미니 시민의 입장에서 이러한 이질성을 '거부'하는 성향은 사람들이 흔히 생각하는 것보다 훨씬 더 뿌리 깊고 오래전으로 거슬러 올라가는 원인에서 비롯되었다고 보아야 합니다.

　물론 이러한 해석이 모순적으로 들릴 수 있다는 점은 저도 충분히 이해합니다. 혹시라도 건축학과 교수님들이 이 자리에 와 계신다면 제가 주장하는 논리의 편협함과 유물론적인 저속함 때문에 굉장한 거부감을 느끼셨을 텐데요. 하지만 제가 리미니 신시가지 건설을 위한 기획안을 제시하면서 알베르티의 '신전'을 철거해야 한다고 주장한 적은 없으니 안심하시라고, 교수님들과 모든 분께 말씀드리고 싶습니다. 저 역시 알베르티의 '신전'이 리미니의 가장 중요한 건축물이자 가장 중요한 세계의 문화유산 가운데 하나라고 생각합니다. 그래서 건축물과 직접 소통이 가능하도록 '신전' 주변 지역의 구조를 개편하자는 제안도 했고요.

　제가 이 이야기를 시작한 것은 사실 '말라테스타의 신전' 자체가 중요해서라기보다는 제 입장에서 근본적인 중요성을 지닌다고 사료되는 부분에 여러분의 관심을 집중시키기 위해서였습니다. 간단히 말하자면, 일반 시민의 참여를 기반으로 전개되는 도시계획 사업을 추진할 때에는 건축가가 자기 자신의 가치관과 관점들을 테이블 위에 올려놓고 참여자들 모두와 의견을 나누어야 한다는 것입니다. 무엇보다도 참여자들을 설득해 개인적인 의견과 가치관을 밝힐 수 있게 해야 하고 그다음에는 건축가가 자신의 생각을 정리하고 분석할 때 기울이는 동일한 엄밀함으로 이들의 의견을 분석할 필요가 있습니다.

　'말라테스타 신전'은 이 건물을 소외시키는 것이 불가능하다는 사실을 처음부터 원칙적으로 받아들인 상태에서

임할 수 있는 특별한 경우지만, 대부분의 가치판단은 특정 계층이나 부류의 이해관계 혹은 선입견을 토대로 전개되는 것이 보통입니다. 이런 경우 참여가 실제로 이루어지고 있다면 근본적인 차원의 재평가와 분석을 시도할 수 있어야 합니다.

하지만 또 다른 경우들이 발생할 수 있습니다. 참여자들이 표명하는 가치관과 의견이 사실은 그들의 것이 아니라 그들과 상반된 입장에서 사람들이 끊임없이 주입해 온 이윤의 환영에 의해 조작된 것으로 드러나기도 하니까요. 이 경우에도 근본적인 차원의 비판과 진실의 탐색이 이루어져야 합니다. 앞서 언급했듯이 참여는 타자가 자신의 판단을 수용할 수 밖에 없도록 만드는 '동의의 약탈'로 이어져서도 안 되고 자신의 정치적 무관심과 기술적 무능력을 감추는 데 쓰이는 중립적이고 타협적인 태도로 이어져서도 안 됩니다. 도시계획에 참여하는 목적은 토지의 형질변경에 관한 결정이 내려지는 과정에 소외 계층이 참여하도록 만드는 데 있습니다. 하지만 이는 오로지 참여 자체가 수반하는 전적으로 새로운 이론적·실천적 측면에 고스란히 상응하는 새로운 가치 체계를 함께 정립해야만 달성할 수 있는 문제죠.

그렇다면 리미니 신시가지 건설의 경우 이러한 차원에서 어떤 조치가 이루어졌을까요? 이 기획이 전개된 과정은 많은 분들이 알고 계신 내용이니 간략하게만 요약해 보겠습니다.

우선 저는 리미니의 모든 시민을 대상으로 몇 차례에 걸쳐 공개 회합의 자리를 마련했습니다. 시청 회관에서 시작된 토론은 주로 리미니의 영토 활용 체계를 구성하는 다양한 요소, 예를 들어 리미니를 특징짓는 4개 구역인 해변, 도심, 교외, 전원 지대의 구조적인 특징부터 동선, 교통, 교육 기관, 병원, 시장 등의 하부 구조까지 다양한 요소를 분석하는 것이 주된 내용이었습니다. 하부 구조의 분석은 다른 모든 종류의 하부 구조와의 비교를 통해 비판적인 시각에서 이루어졌고, 토론은 시간이 흐르면서 과연 어떤 식으로 현재의 모습을 갖추게 되었는지, 아울러 그것을 현실화하는 데 어떤 사적이거나 공적인 결정이 핵심적인 역할을 했는지 밝히는 데 집중되었습니다. 또한 시가지를 구성하는 다양한 하부 구조들을 다양한 범주와 계층의 시민이 어떤 식으로 활용해 왔는가, 또 각각의 하부 구조와 전체적인 체계가 변화를 겪을 때마다 이윤을 취하거나 소외와 착취를 당한 것은 어느 쪽인가 하는 질문이 모든 분석에 일괄적으로 적용되었습니다. 이런 식으로 회합이 거듭되는 동안 서서히 드러난 사실은 시간이 흐르면서 특이한 형태로 발전한 극소수의 사회계층이 소수의 특권층이라는 성격을 유지하며 도시계획에 대한 예외적인 결정권을 보유해 왔고, 결과적으로 영토를 항상 도구로만 활용해 왔다는 것이었죠. 게다가 권력자들의 명분에 항상 기계적으로 복종해 온 기술자들의 방관자적인 태도도 이런 구도가 형성되는 데 크게 기여한 요인들 가운데 하나였습니다. 행정가와 정치가들도 이러한 상황을 전혀 모르거나(최상의 경우) 뚜렷하게 인식하고(최악의 경우) 있었습니다.

저희가 주최한 회합의 결과는 대단히 성공적이었습니

다. 미사여구로 가득한 정치가들의 연설에 지친 시민들의 발길이 끊겨 텅 비어 있던 시청 회관(물론 리미니의 경우만 그런 건 아니죠)은 다시 노동자, 지식인, 직장인, 전문가, 학생들로 꽉 들어찼습니다. 심지어 농부들도 와 있었죠. 자신들의 도시와 땅이 지니는 진정한 의미에 대해 알고 싶었기 때문에 새로운 관점에 관심을 표명하며 모여들었던 겁니다.

하지만 새로운 경험에 열광했던 리미니 시장 체카로니 Ceccaroni와 제가 진행한 서두 형식의 강연 뒤에 이어진 토론에서 의견을 발표하는 사람들은 대부분 지식인이었습니다. 편하게 이야기하면서도 대부분 강단에 앉아 있는 강연자들을 향해 마이크로 청중의 관심을 받으며 말한다는 사실에 상당히 흡족해하는 모습이었죠. 하지만 다른 사람들은 이야기를 열심히 들었을 뿐 의견을 발표하지는 않았습니다. 유심히 살펴보니 시청 회관은 오늘날 민주주의의 도구로 쓰이지만 과거에는 군주의 권력을 상징하는 곳이었기 때문에 아무래도 경외심을 불러일으키는 억압적인 분위기가, 지나치게 나서지 말아야 한다는 생각에 익숙해진 사람들 입장에선 부담스러울 수도 있겠다는 생각이 들었죠.

그래서 결국 회합 장소를 바꾸기로 했습니다. 한편으로 토론 내용도 점점 더 구체적으로 변해 가고 있던 터라 어떤 식으로든 변화가 필요한 시점이었으니까요.

그래서 우리는 토론회를 도시와 교외와 시골의 시민 회관에서 이어 갔습니다. 바로 여기서 이루어진 만남들을 통해 얻은 경험이 도시계획의 목표를 설정하고 이를 구체적인 물리-공간적 구도의 제안으로 전환하는 데 결정적인 역할을 했죠. 체 게바라Che Guevara, 산 줄리아노San Giuliano, 코 비냐노Covignano 구역을 비롯한 해변의 여러 지역에서 저는 리미니의 신시가지가 담당하게 될 역할과 도시의 미래라는 문제가 이제까지 개인적으로 경험했던 어떤 경우보다 더 명 백하고 구체적인 형태로 형상화되는 것을 목격했습니다. 도 시계획 담론이 드디어 바람직하고 이상적인 형태를 취할 뿐 아니라 보다 일반적인 정치 담론의 특별하고 구체적인 양 상을 갖추게 되었다는 느낌을 받았습니다. 여기서 멀어지는 순간 퇴행적이거나 학문적으로 변할 수밖에 없고 고유의 상 상력마저 잃게 되리라는 인상을 받았죠.

하지만 우리가 창조해 낸 새로운 경향을 우려하기 시작 한 관료들은 참여의 건축이 널리 전파되는 데 필요한 경로 들을 막기 위해 총력을 기울였습니다.

그후 선거가 있었고 행정부의 개편이 시작되면서 뒤이 어 협의회를 새롭게 구성하기가 어려워졌고 공공 기관들 내 부에서 균형이 파괴되는 현상이 일어났습니다. 모든 것이 느 려졌고 다시 출발해야 할 때라고 생각되는 순간마다 예기치 않은 어려움이 배가되어 있는 상황을 발견하곤 했습니다. 결 론적으로 초기의 열정적이고 희망적이었던 분위기에도 불 구하고 리미니에서 참여 건축의 시도는 충분히 이루어지지 못했다고 볼 수 있습니다. 더 많은 것을 할 수 있었다면, 그 러니까 하기로 했던 것을 할 수 있었다면 계획안을 수용하 면서 시작된 투쟁은 상당히 다른 결과를 가져왔을 겁니다.

테르니의 마테오티 마을

이번에는 우리의 주제를 추상적으로 다루는 대신 제가 개인적으로 경험한 구체적인 사례를 예로 들어 설명해 보겠습니다.

그래야 이 주제에 함축되어 있는 다양한 문제들이 좀 더 분명하게 부각될 수 있을 테니까요. 물론 어떤 특수한 경우에 드러나는 사항들은 부분적으로만 보편화될 수 있다는 점을 염두에 둘 필요가 있겠죠.

지금부터 살펴보려는 예는 제가 1970년대에 들어서면서 테르니Terni의 노동자들을 위해 설계한 주거 단지입니다. 아직 완공되지는 못했고 기획의 일부만, 그러니까 전체의 4분의 1만 완성된 상태입니다.

1. 사업의 전제 조건

로마에서 북동쪽으로 약 100킬로미터 떨어진 곳에 위치한 인구 11만의 작은 도시 테르니의 경제는 대부분 제철소에 의존하고 있습니다. 제철소 직원만 대략 7,000명이 넘죠. 주거 단지가 들어설 토지는 제철소 소유였습니다. 하지만 일반적인 경우와는 좀 달라서 빈터가 아니라 이미 '마테오티 마을'이라는 주택 단지가 들어서 있었죠. 물론 주택들이 들어서기 시작했을 당시의 이름은 이탈로 발보Italo Balbo 마을이었습니다. 왜냐하면 단지가 들어선 1934년이 바로 제철소가 50주년을 맞이하고 파시즘 정권이 들어선 지 12년째 되는 해였기 때문이죠. 그러나 제2차 세계 대전이 끝난 뒤 제철소 간부들은 지명을 바꿀 필요성을 느꼈고 새로운 시대가 다가오고 있음을 강조하기 위해 1939년까지 50퍼센트 정도 진행되었던 주택 단지 건설을 서둘러 마무리하기로 했습니다. 그래서 원래의 도시계획에 충실하자는 원칙을 준수하며 완공을 서둘렀지만 전쟁 직후라 건설 재료가 부족했기 때문에 완성된 주택들은 기술적인 차원에서 질이 떨어질 수밖에 없었습니다. 도시계획안 초안이 마련되었을 당시에는 남동쪽으로 네라Nera강까지만 도시에 속했고 마을이 들어설 20헥타르 정도의 토지는 완전히 무인 지대였습니다. 따라서 도심과 어느 정도 떨어진 곳에, 그리고 필요하다면 쉽게 제어가 가능한 곳에 '노동자들의 게토'를 건설할 기회가 주어진 셈이었죠.

심지어 무솔리니가 이 일에 개입했다는 이야기도 있습니다. 테르니의 도시계획을 직접 검토하며 상세히 살펴본 뒤 건설을 인가했고 주택들을 연결하는 도로망의 진입 경로를 최소화해야 한다고 설계도 한구석에 직접 써서 지시를 내렸다는 이야기가 있죠. 하지만 이를 증명할 근거나 자료는 어디에도 남아 있지 않습니다. 안타까운 일이죠. 당대의 정치 문화를 조명할 수 있는 사료가 사라졌기 때문이기도

하지만 전쟁 이후에 마을의 건설 기획을 재검토하면서, 개인의 이윤을 위해서였는지 아니면 모두가 원했기 때문이었는지 아니면 정치적 무관심 때문이었는지, 원래 계획을 그대로 유지하기로 결정하기까지의 과정을 조명할 기회가 사라졌기 때문입니다. 원래 계획을 그대로 따르기로 결정했지만, 이런 경우에 흔히 일어나듯이 건축가들은 계획의 목표가 지니는 딱딱하고 단조로운 측면을 이른바 문화적 적응을 시도하면서 보완하려고 노력했습니다. 위안으로 삼을 수 있는 요소들을 도입하는 데 성공했던 거죠. 하지만 이러한 요소들은 건설의 본질을 불투명하게 만들 뿐 아니라 만장일치까지는 아니지만 어떤 식으로든 수용된 설계상의 오류를 정당화하는 데 쓰이기도 했습니다. 실제로 마을의 '집단 수용 시설형' 구조를 어느 정도 부드럽게 만드는 과정은 수십 년 전, 제1차 세계 대전을 전후로 사회주의가 확산되는 분위기에서 서유럽에서 유행한 뒤 뒤늦게야 이탈리아에 도달한 모델의 양식적 특징을 도입하면서 이루어졌습니다. 구체적으로 말하자면 이른바 '정원 도시'라는 양식이었습니다. '교외의 군도群島'라는 식으로 오해받긴 했지만 이곳에서 하층민들은 시골에서 쫓겨나거나 도심에서 밀려나는 대신 조그만 밭에서 채소를 키울 수 있었습니다.

도로를 따라 들어선 집들 사이에는 네 개의 조그만 정원이나 밭이 마련되었습니다. 2층 건물에 층마다 두 가구씩 총 네 가구가 살 수 있었기 때문에 이에 상응하는 수의 정원이 마련되었던 거죠. 집으로 들어가는 문은 1층의 두 가구뿐만 아니라 2층에 사는 사람들도 모두 정원을 통해야 도달할 수 있도록 만들었습니다. 결과적으로 모든 가정은 같은 건물에 살면서도 전원 또는 교외의 단독 주택에서나 느낄 수 있는 사생활의 권리를 누릴 수 있었죠. 건축언어 차원에서도 보완된 부분이 있었습니다. 건축의 기본적인 틀은 북유럽 광산 마을과 비슷했지만, 움브리아주 시골에서나 볼 수 있는 특징들을 가미하면서 바둑판이나 다름없는 딱딱한 분위기의 주택 단지를 배경으로 우리에게 훨씬 더 익숙한 농장 분위기를 연출했으니까요. 건설이 끝난 후에도 마을의 이쪽 부분은 크게 바뀌지 않았습니다. 그래서인지 오늘날에도 이 근처를 지날 때면, 특히 나뭇잎이 많이 자라난 계절이면 왠지 편안한 주거 환경이 조성되어 있다는 인상을 받습니다. 하지만 현실은 다릅니다. 물론 40년이 넘는 세월 동안 주민들이 창문을 새로 내고 문들을 교체하고 벽에 새로 페인트를 칠하고 정자를 만들고 꽃과 화초를 심는 일을 꾸준히 해 왔기 때문에 많은 것이 바뀌었다는 느낌을 줄 수 있고, 최근 지평선 위에 일률적으로 펼쳐지는 식으로 조성된 주택 단지들이 보여 주는 암울할 정도로 질서 정연한 모습보다는 훨씬 더 매력적인 것이 사실입니다. 하지만 그렇다고 해서 마을에 적용된 건축과 도시계획의 본질적인 내용이 바뀌는 것은 아닙니다. 주변 환경을 가꾸고 자기화하려는 주민들의 노력이 주택 단지의 기본적인 틀까지 바꿀 수 있는 것은 아니죠. 모두 똑같은 모양새에 똑같이 비위생적인 집들이 한곳에 몰려 있는 황량하고 초라한 모습은 바뀌지 않았습니다. 집들은 공간이 좁아서 자유로운 활동이 불가능하고 위생 시설도 전혀 갖추지 못했을 뿐 아니라 1층은 항상 습기로 가득합니다. 우기에 강이 범람하면 주변 지역이 모두 침수되고 강이 마르면 쓰레기와 쥐들이 등장합니다. 대부분 틈새가 벌어진 작은 창문들은 외부에서 들이닥치는 열기나 냉기의 침투를 막지 못하고 기초 공사조차 제대로 거치지 못한 집 앞의 길도 비포장도로여서 겨울에는 진흙탕으로 여름에는 먼지투성이로 변합니다. 단지 입구에 자리 잡은 교회와 카페 역할을 하는 가두판매대 외에는 공공시설도 전혀 찾아볼 수 없습니다. 언제나 그렇듯이 건축과 도시계획이 퇴보하면 점진적인 사회적 쇠퇴가 뒤따르기 마련입니다. 집을 수리하거나 뜯어고칠 만한 여유가 없는 사람들은 결국 다른 곳으로 떠났습니다. 보통은 시내에서 가장 볼품없는 건물들이 모여 있는 곳이나 건설 회사들이 교외에 지은 싸구려 아파트들, 혹은 국립 보험 공단 산하 주택 공사나 노동자 주택 관리 공사Gescal의 지원을 받아 지은 아파트로 이사를 갔죠. 결코 더 나은 삶의 질을 보장할 수 없는 곳이었지만 적어도 수리에 대한 부담에서는 벗어날 수 있었습니다. 결과적으로 남은 사람들은 그나마 여유가 있는 사람들, 즉 노동자도 아니고 주거 환경을 개선하기 위한 방편을 마련해 두었던 사람들과 반대로 개선은커녕 집을 옮길 수도 없는 은퇴한 사람들이었습니다. 집을 옮길 수 없었던 이유는 이들이 지불하거나 지불할 수 있는 월세가 국가에서 지원하는 다른 어떤 공영 주택의 경우보다 낮았기 때문이죠. 부자들과 극빈자들은 행동 방식도 다르고 서로 소통하는 경우도 극히 드물었습니다. 왜냐하면 마을 내부에서 사실상 사회적 소통이 불가능했고 무엇보다도 이들의 관심사가 전혀 달랐기 때문입니다. 다만 예외가 하나 있었죠. 이들이 지불하는 월세를 주택 매매 금액의 할부금으로 변경해 달라고 요청하고 그런 식으로 임대 주택 소유권을 주장하자는 제안에 동의한 겁니다. 하지만 이 경우에도 어떤 의견에 형식적으로 동의만 했을 뿐 그 동기는 전적으로 달랐습니다. 가진 사람들의 경우에는 소유욕이 우선이었고 집 자체의 소유에 대한 관심보다는 어느덧 값이 꽤나 오른 토지에 대한 관심이 더 컸던 반면 가지지 못한 사람들은 마을이 재개발되면 피해를 볼 수도 있고 길바닥으로 쫓겨날 수도 있다고 우려했습니다. 실제로 전자의 환영은 물론 후자의 우려도 전혀 근거가 없었던 것은 아닙니다. 왜냐하면 도시 확장 정책이 이미 마테오티 마을 문턱까지 와 있었고 마을은 이제 실제로든 잠재적으로든 도시의 일부분으로 간주되고 있었으니까요.

한편으로는 건축가 마리오 리돌피Mario Ridolfi가 1960년에 작성한 마스터플랜이 마테오티 마을의 내부적·외부적 상황에 모두 적용된 상태여서 결과적으로는 근본적인 차원의 구조 개편을 위한 기반을 닦아 놓은 셈이었습니다. 실제로 토지 이용 계획에 따라 마테오티 마을 주변 지대의 건축 밀도는 현재의 대략 1.5입방/평방(mc/mq)에서 3입방/평방으로 상향 조정되어야 했고 인접 지대에 동일한 건축 밀도를 지닌 단지가 들어서면 마테오티 마을은 구조 개편 과정을 거쳐 이 새 단지에 병합될 예정이었습니다. 바로 이러한 유형의 전망이 부자들의 환영을 부추기는 동시에 극빈자들의 우려를 합리적인 것으로 만들었습니다. 토지 용적률을 높이기로 한 결정이나 도시 확장 정책에 따라 발생한 위치상의 이점은 이 지대의 잠재적인 가치를 상승시키는 데 크게 일조하는 한편 이곳에 지어진 주택들이 형편없다거나 낙후됐다는 점을 그다지 중요하지 않은 사실로 만들어 버렸습니다. 결과적으로 주택 소유권이 거주민에게 넘어갈 경우 건축업자들이 이들로부터 땅과 건물을 사들인 뒤 토지 이용 계획 규정을 적극 활용하며 재건축을 시도할 가능성이 커졌습니다. 건물을 새로 지은 다음 원래 살던 주민이 아니라 전혀 다른 사람들에게 주택을 팔았겠죠. 물론 거주민 입장에서도 그들이 원하는 목적을 달성한 뒤에는, 다시 말해 집을 소유하게 된 뒤에는 이를 더 좋은 가격에 되팔 수 있는 기회를 쉽게 포기하지 못했을 겁니다. 왜냐하면 아마도 시에서 지정한 167 구역이나 같은 계획의 일부로 이미 건축이 시작된 사유지에 인접한 구역을 중심으로 그리 많지 않은 수의 가구만 설득하면 충분했을 테니까요. 몇몇 구역만이라도 투기 세력이 작심하고 달려들었다면 마을 전체는 곧장 사라져 버렸을 것이고 가뜩이나 불분명한 마을의 연대기를 더욱더 불분명하게 만들었겠죠.

2. 사업 유형의 선택

이처럼 위태롭고 다양한 입장이 교차되는 상황에서 제철소 간부들과 공장 이사들은 1969년, 그러니까 이탈리아 사회가 오랜 잠에서 깨어나던 시기에 마테오티 마을 문제를 서둘러 해결해야 한다는 사실을 깨달았습니다. 간부들은 주택을 주민들에게 팔자는 쪽으로 의견을 모았습니다. 그래야 정비나 보수를 위해 계속 돈을 많이 써야 하는 부담스러운 상황에서 벗어날 수 있었기 때문이죠. 반대로 공장 이사들은 모든 건물을 허문 뒤 같은 곳에 마스터플랜의 규정에 따라 주택 단지를 다시 건설하자는 쪽으로 의견이 기울었습니다. 오랜 논의를 거쳤지만 결국 양립 불가능한 의견들 사이에서 합의점을 찾지 못했고 간부들은 한 건축가에게 문제 해결을 의뢰하기로 결정했습니다. 다시 말해 이 문제를 순수하게 기술적인 차원에서, 따라서 의혹의 여지를 남기지 않는 방식으로 해결할 수 있는 누군가에게 맡기기로 한 거죠. 하지만 지명된 건축가는―그게 바로 저였습니다만―매듭을 푸는 대신 자르기로 결정하는 순간 자신이 결코 달가워하지 않는 권력층 앞에서 모호한 입장을 취할 수밖에 없다는 것을 곧장 깨달았습니다. 그래서 주최 측 제안을 수락하기 전에 먼저 문제의 모든 측면이 좀 더 분명히 드러나야 한다는 점을 강조했고 문제를 더욱 깊이 분석해서 한층 정확한 지표들을 얻어 낼 필요가 있다고 주장했습니다. 간부들뿐만 아니라 공장 이사회도 동일한 지표들을 바탕으로 보다 신중한 결정을 내릴 수 있다고 보았던 겁니다.

결국 얼마 지나지 않아 가설의 형태로 다섯 가지 상이한 가능성이 제기되었습니다. 첫 번째는 마을 전체를 총체적으로 보수하자는 것이었습니다. 원래 모습을 그대로 유지하되 꼭 필요한 공공시설을 추가로 설치하고 주택을 근본적인 차원에서 개조하는 식으로 마을을 새롭게 단장하자는 것이었죠. 두 번째는 제철소가 예전에 다른 지역에서 활용했던 것과 똑같은 탑상형 건축 양식으로 원래의 건축물들을 대체하자는 것이었습니다. 세 번째 역시 건물을 교체하자는 제안이었는데 이번에 대안으로 제시된 것은 공공 건설기관이 투자를 받아 이탈리아 도처에서 짓는 건물들과 유사한 형태의 주택 단지였습니다. 네 번째와 다섯 번째 제안이제시하는 것은 훨씬 더 복합적인 체계였습니다. 3층으로 포개진 구조 안에 주택이 일렬로 들어서고, 주택과 직접 연결되는 서비스 시설과 보행로가 모두 포함되는 체계였죠. 이상의 제안들은 가능한 모든 관점에서 살펴본 체계 고유의 장점과 단점을 모두 명시한 상태에서 소개되었습니다. 예를들어 첫 번째 경우에는 원래의 건축 밀도가 거의 그대로 유지된 반면(1.8입방/평방) 두 번째와 세 번째 경우에는 토지이용 계획에서 허가한 최대치가 적용되었고(3입방/평방) 네번째와 다섯 번째 경우에는 기준치 자체가 과도하다는 판단아래 하향 조절된 밀도가 적용되었습니다(2.4입방/평방). 다섯 가지 제안에 대한 건축가의 평가서에는 다음과 같은조항이 들어 있었습니다. 즉 담당 건축가가 기획안을 수용하고 제철소의 의뢰를 받아들일 의향이 있지만 최종적으로네 번째나 다섯 번째 기획안이 선택되는 경우에만 제안을수락하겠다는 것이었죠. 그러니 첫 번째에서 세 번째까지의기획안 가운데 하나를 선택할 경우 제철소는 사업을 독자적으로 진행하거나 이에 동의하는 또 다른 건축가를 물색해야했습니다.

이 시점에서 공장 내부에서는 이사회와 노조 위원회가참여한 가운데 토론이 이루어졌습니다. 다행히도 불가해한 선입견이나 고정관념이 논의 자체를 힘들게 하는 경우는 발생하지 않았습니다. 무엇보다도 제철소 최고 간부들 중에 과거의 억압 정책에서 벗어나야 한다는 생각과 장기적인 안목을 갖춘 인물들이 있었기 때문입니다. 제철소 간부들은 그렇게 해서 네 번째 혹은 다섯 번째 제안을 토대로 진행하고 이에 뒤따르는 조건들을 수용하기로 결정했습니다. 이 조건들 가운데 몇몇은 기술적 측면이나 경제적인 측면을 지닌 반면 몇몇은 본질적으로 기획의 진행 과정과 깊은 연관을 지니고 있었습니다. 기술적으로는 예를 들어 동선의 다양한 형태를 배제하거나 건물 높이를 낮게 만들고 상대적으로 도시계획의 밀도를 높게 유지한다는 조건, 편의 시설을 주거 공간의 확장으로 간주하고 주거 환경 내부에 설치한다는 조건, 주택 단지 내부에 풍성한 녹지대를 조성한다는 조건, 공공시설의 건설 수준을 높인다는 조건 등이 있었고, 경제적으로는 무엇보다도 국고 지원만으로는 기대하는 도시계획 수준에 도달할 수 없기 때문에 전체 건설비의 최대 15퍼센트를 제철소가 부담한다는 조건이 있었습니다. 이 외에도 은퇴한 거주자들에게 추가 부담 없이 우선권을 부여한다는 조건과 거주자들이 설계 과정에 처음부터 끝까지 참여해야 한다는 조건이 있었죠. 물론 참여의 조건 같은 경우, 사람들이 이를 처음부터 완전히 이해한 것 같지는 않았습니다. 아니, 오히려 자본을 대고 건축 사업을 좌우하는 이들의 결정을 은폐해야 하는 상황에서 관심을 다른 곳으로 돌리기 위해 최종 수혜자들의 협력을 요구하는 한편 이들이 몇몇 세부 사항에 대한 결정권을 행사하도록 만드는 건축가의 간교한 책략에 불과하다는 식으로 보는 듯했습니다. 하지만 시간이 흐르면서 다들 깨달았죠. 모든 것이 극도로 진지하게 진행되고 있다는 사실을 모두 놀라워하면서 이해했습니다. 건축의 설계 과정에 뛰어드는 '참여'의 경험은 전염력이 놀라울 정도로 강해서 경제적·정치적 권력이 행사되는 복잡한 영역에도 침투할 수 있습니다.

결과적으로 '참여' 작업은 네 번째와 다섯 번째 제안을 뒷받침하는 조건들을 기반으로 전개되었고 이에 대해서는 아마도 그 과정에서 드러난 몇 가지 특징을 언급하는 것으로 충분하리라고 봅니다.

3. 기획과 실현

처음에는 실거주자들을 만날 길이 없었습니다. 공적 지원을 받아 건축되는 주택들은 완공된 다음에야 입주민에게 배분되는 것이 관례였으니까요. 따라서 어쩔 수 없이 모든 잠재적 거주자를 대상으로, 다시 말해 대략 1,800명에 달하는 집 없는 노동자를 대상으로 시작할 수밖에 없었습니다.

대화 방식을 정하기 위해 우리는 웬만큼 매력적이고 선택가능한 설계도들을 소개하며 전시회를 개최했습니다. 설계도는 여러 나라의 실례에서 골랐고 반드시 저가 주택만 선택하지도 않았습니다. 목표는 널리 알려져 있거나 일반 서민들의 상상 세계를 지배하는 것과는 다른 유형의 모형에 사람들이 관심을 기울이도록 만들고 처음부터 폭발적인 의견 충돌이 일어날 수 있도록 유도하려는 것이었죠. 실제로 충돌은 어김없이 일어났습니다. 곧장 참여 작업의 목적부터 의문의 대상으로 떠올랐고 모두가, 참여 작업을 직접 지휘하는 입장의 설계자, 사회학자, 관련 전문가들이 그들만의 전문적인 기량을 토대로 만들어 낼 수 있는 것들뿐만 아니라, 새로운 가능성과 전략을 발견하도록 만들었습니다. 상당수의 소규모 그룹과 지속적으로(간부들이 참관하지 않은 채 업무 시간에) 이루어진 만남에서 대화 자체는 오랫동안 주택 문제의 뒤편에 고정되어 있었습니다. 왜냐하면 무엇보다도 이 문제가 인간적이고 정치적이고 경제적인 측면에서 지닌 모든 불합리한 요소와 이 요소들이 노동자의 삶의 조건에 각인되는 방식에 대한 정당하고 노골적인 분노가 표출되었기 때문입니다. 하지만 상황이 어느 정도 분명해지자 우리는 우선 사실적이고 '복합적인' 요구 사항들이 무엇인지, 아울러 사실적이고 '구체적인' 요구 사항들이 무엇인지 정의하는 작업을 시작했습니다. '복합적인' 요구 사항들을 토대로 마을의 구조 개편을 위한 첫 단계 가설들을 세울 수 있었다면 '구체적인' 요구 사항들을 토대로 주택 구성에 대한 토의를 시작할 수 있었죠.

이러한 두 측면은 사실상 구분하기가 그리 쉽지 않습니다. 실제로는 설계 과정에서 두 요소가 서로를 보완하며 동시에 발전하기 때문이죠. 하지만 토론 과정에서 마을은, 간단히 말하자면 보행로 및 도로의 동선 체계와 주택 공간을 다층 구조물에 끼워 넣는 식으로 다루어졌습니다.

차량 동선을 설정할 때 주택과 편의 시설의 물자 공급을 유일한 목표로 설정했기 때문에 도로는 단지의 한쪽 면을 따라 배치했고 보행로를 도로 한 편에 배치했습니다. 보행로는 맞은편 2층에도 배치되었고 평지의 보도와 2층의 보행로는 일종의 경사로로 외부에 설치된 계단을 통해 수직으로 연결되도록 했습니다. 고가 보행 체계가 곳곳마다 주거 지역을 확장할 뿐 아니라 보행로의 기본 동선을 연결하고 마을 전체를 관통하는 중앙 도로 위를 가로지르도록 설치되었습니다.

계획지에 들어설 건물의 유형은 상당히 다양했습니다. 따라서 배치 상태를 쉽게 가늠할 수 있도록 수직선상에서 연결되는 지점의 위치와 허용된 볼륨의 최대치를 삼차원 그리드로 나타냈죠.

사업 시작 단계에서부터 주택 유형의 결정은 참여 과정을 통해 이루어졌습니다. 모든 잠재적 건축 사용자와 함께 유형별로 분류한 기본적인 요구 사항들을 토대로 결국 다섯 종류의 주택 유형cellula을 선택하는 단계에 도달했죠. 각각의 유형은 층마다 다른 세 종류의 상이한 기본 유닛nucleo으로 구성되어 있었습니다. 결과적으로 선택 가능한 유형은 모두 열다섯 가지가 되는 셈이었죠. 하지만 나중에 공사가 진행되는 과정에서 선정된 실거주자들과 함께 좀 더 구체적인 요구 사항들을 검토하고 분류하는 단계에서 각각의 기초 공간 내부에 세 종류의 변형을 적용하기로 했습니다. 그렇게 해서 주택 총 250가구를 건축하는 데 모두 마흔다섯 가지 옵션을 활용할 수 있게 되었죠. 다음 단계에서는, 그러니까 주택을 더 짓는다면, 사람들은 이러한 옵션들이 어느 정도 수정된 형태로 실려 있는 카탈로그에서 주택 유형을 선택할 수 있을 겁니다. 아마도 카탈로그에는 몇몇 쓸모없는 유형이 삭제되고 그동안의 경험을 바탕으로 새로운 유형이 도입되겠죠. 이후로도 미래의 건물 사용자들과 함께 윤곽을 드러낼 새로운 요구 사항들을 충족시키기 위한 새로운 유형들이 등장할 겁니다.

마지막이 되리라 예상했던 네 번째 단계에서 설계자의 과제는 전체를 구성하는 데 있지 않고 그리드의 공간 망을 참조하며 다양한 주택 유형의 연결 방식을 연구하는 데 있었죠. 사실 전체의 구성이라는 문제는 아예 제기조차 되지 않았습니다. 특정 주택 유형의 우세나 열세는 전적으로 거주자의 선택에 따라 결정되었으니까요. 그런 의미에서 단지의 다층 구조, 건축 모형, 삼차원 그리드 시스템, 기본 유형의 변형 가능성 등은 참여자들의 지적 훈련에 크게 기여했다고 볼 수 있습니다. 이런 상황에서는 모든 게 기계적으로 결정되어 결론을 쉽게 예상할 수 있는 방식에 의존할 수 없었죠. 오히려 모든 것이 저절로 구체화되는 경향과는 반대되는 방향으로 전개되었으니까요. 거주자들의 참여는 지속적이었고 건설될 주택 단지의 구조와 형태를 구체화하는 데 결정적인 역할을 했습니다. 물론 실제로 건설이 시작된 다음부터는 참여의 지속성을 유지하기 힘들었습니다(한편으로는 설계자도 공식적으로 건설 현장에서 물러나 있어야 했죠). 건설은 그만큼 엄격한 관리가 요구되는 작업이었으니까요. 한편으로는 건설 업체와 관리 부서가 모두 동일한 위탁 업체(이탈리아 철강 금융 지주 회사 FINSIDER) 소속이었기 때문에 공개적인 의견 충돌조차 상상하기 힘들 정도로 모호한 유착 관계를 유지하고 있었습니다.

　참여 운동은 주택에 대한 입주자들의 경험이 축적되기 시작할 무렵부터 미약하나마 다시 정상화되는 양상을 보였습니다. 이 시점에서 사실은 참여 운동을 강화할 필요가 있었습니다. 사후 평가 작업을 기록하고 수정 작업을 계속 이어 갈 필요가 있었죠. 하지만 혁신을 갈망했던 1960년대 말 분위기는 머나먼 기억에 불과했습니다. 제철소 내부에서도 많은 변화가 일어났고 심지어 미지의 세계에 대한 의혹을 물리치고 노동자들의 주거 환경을 조성하기 위한 새로운 접근 방식을 솔직하게 지지했던 간부들도 자리에서 물러나고 말았습니다. 따라서 정치적인 상황이 변하지 않는 이상 마테오티 마을의 구조 개선 사업이 첫 단계에서 다음 단계로 이어지리라고 보기는 어려워졌습니다. 지금으로선 아예 불가능하다고 보는 편이 옳겠죠. 안타까운 일입니다. 왜냐하면 첫 단계만으로는 너무 부족했고 다음 단계에서 도입될 예정이었던 편의 시설도 아직 갖추지 못한 상태니까요. 제가 보기에 새 마을은 여전히 사업 초기처럼 낡고 이질적인 옛 마을의 바다 위를 떠도는 섬에 불과합니다.

4. 다양한 사회 구성원에게 주어진 역할의 빛과 그림자

하지만 좋든 싫든 우리가 쌓은 경험의 몇몇 의미 있는 측면들을 되새겨 보고 결론을 내리기 위해, 전체적인 사업 과정과 여기에 직간접적으로 참여했던 사회 구성원들 사이의 관계에 대해 이야기해 볼까 합니다. 주택 단지가 건설된 것은 일군의 노동자 가족을 위해서였습니다. 하지만 중요한 점은 이들의 참여가 너무나 중요했고 사업에 결정적인 영향을 끼쳤다는 것입니다. 이러한 차원의 영향력은 이른바 '건축언어'에서는 찾아보기 힘듭니다. 건축언어는 다름 아닌 건축가만의 언어죠! 이들의 영향력은 공간 구성의 바탕이 되었던 구성원들의 지지와 성원 속에 있습니다. 만약에 이들과의 지속적인 대화가 이루어지지 않았다면 실질적인 요구나 어떤 문화적 성향에 의해 구체화된 몇몇 요소, 예를 들어 테라스 정원, 주택의 독립성, 내부 구조의 다양성 같은 것은 결코 부각되지 않았을 겁니다.

한편 이들의 투쟁이 없었다면 제철소 간부들이 시공의 질을 향상하기 위해 더 많은 돈을 투자하기로 결정하거나 보수와 관리 예산을 축소하면서까지 거주 영역을 넓히는 시설을 설치하기로 결정하는 일은 일어나지 않았을 겁니다. 하지만 이러한 유형의 참여와 개입은 시간이 흐르고 사업이 마지막 단계로 접어들면서 점점 미약해지기 시작했습니다. 무엇보다도 거주자들이 전문 지식을 갖추지 못했다는 기술적인 이유로 건설 현장의 예산 관리에서 제외되는 순간부터 이런 현상이 본격적으로 나타났죠. 그리고 주택 보급이 임대가 아닌 매매 형식으로 이루어질 거라는 소식이 전해지면서 결정적으로 무산될 위기에 놓였습니다. 사실은 상당히 복합적인 임대 절차를 먼저 구체적으로 고안해 놓은 상태였습니다. 임차인의 주택 사용 권리를 인정하고 보증할 뿐 아니라 경제적인 차원에서 회사가 소유권을 가지되 그만큼 보수와 관리의 의무도 다해야 한다는 조항이 포함되어 있었죠. 이는 간부들뿐만 아니라 공장 이사회도 동의했던 부분입니다.

하지만 모두의 의견을 무시한 채 이탈리아 노동조합 동맹CISL이 노동자의 주택 소유권을 주장하기 시작했고 이에 뒤질세라 이탈리아 노동 총동맹CGIL도 기수 역할을 탈환하기 위해 같은 주장을 더 적극적으로 펼치기 시작했습니다. 상황이 이렇게 전개되다 보니 다른 의견과 가능성이 모두 묵살되는 가운데 사용자들은 주택이 완성되기도 전에 집주인이 되어 버렸습니다. 이때부터 사람들은 주로 담벼락을 쌓아 올리거나 발코니를 만들기 위해 보도를 철거하는 안건 또는 증축의 권리에 더 많은 관심을 기울였습니다. 물론 가장 심각한 문제는 이때부터 주택을 소유하기로 되어 있는 노동자 계층과 집을 얻을 때까지 더 오래 기다려야 하는 훨씬 더 많은 노동자 계층 사이에 괴리감이 발생했다는 것입니다.

결국 참여의 건축을 성공적인 결과로 이끄는 데 핵심 역할을 했던 시민들의 연대 의식이 이런 식으로 무너지고 말았죠. 물론 공장 이사회에 대해서는, 바로 이분들 덕분에 참여 작업이 활발하게 이루어질 수 있었다고 말할 수 있습니다. 제철소 관료 체제와의 분쟁이 미래의 마을 주민에게 유리한 방향으로 해결될 수 있었던 것도 모두 이사회 덕분이었습니다. 하지만 노동조합을 두고 똑같은 이야기를 하기는 힘듭니다. 눈치 보며 서로 감시하기 바빴기 때문에 오히려 걸림돌이 되는 경우가 많았으니까요. 도시의 좌파 행정부가 이 사업이 진행되는 동안 우려한 것은 단 한 가지였습니다. 성공하지 못할 경우 제철소 경영진에게 유리한 변화로 해석될 수 있는 사업에 가능한 한 관여하지 않으려는 것이었죠. 달리 말하자면 제철소 경영진은 어쨌든 악을 상징한다는 확신 아래 우리가 계획했던 사업의 전개 과정을 어떤 식으로든 돕지 않으려고 노력했습니다. 아울러 좌파 행정부는 여전히 동일한 입장을 고수하고 있다고 볼 수 있습니다. 아직까지도 주택 단지 내부에 들어선 몇 안 되는 상점에 허가조차 내 주지 않았고 일찍이 건설 첫 단계에 도입된 공공시설 세 곳도 여전히 개장하지 않고 있으니까요. 더 나아가, 어쩌면 선거 전략을 세우면서 계산을 잘못한 탓이겠지만, 옛 지역의 소유권을 주장하는 부유한 세입자 집단을 한 번도 거스르려고 한 적이 없습니다. 겉치레에 불과했지만 항상 이들의 요구에 귀를 기울였죠. 방식만큼은 그리스도교 민주당이나 교구에서 항상 진지한 자세로 임해 왔던 것과 똑같았습니다.

당시 제철소 경영진은 진보주의 성향의 최고 경영자와 기술 이사가 이끌고 있었습니다. 첨단 도시계획 사업을 적극적으로 추진하는 데 크게 기여한 인물들이죠. 하지만 이 사업을 추진하기로 결정하면서 이 진보주의자들은 가시밭길을 걷기 시작했습니다. 이름 모를 음모가 그들을 기다리고 있었죠. 제철소가 속해 있던 대기업의 간부들은 물론 내부 관료들도 이들의 결정에 동의하지 않았습니다. 동의한 부분이 있다면 이 불편한 진보주의자 두 사람을 가능한 한 빨리 쫓아내야 한다는 것이었죠. 그리고 간부들의 의지는 어김없이 현실로 드러났습니다. 사업의 첫 단계가 완성되기도 전에 야만적인 철퇴를 휘둘렀죠.

덧붙이고 싶은 일화가 있는데, 자금을 관리하던 '노동자 주택 관리 공사Gescal'와 주택 250가구 건설을 맡은 '유럽 석탄 철강 공동체European Coal and Steel Community' 사이에 있었던 일입니다. '유럽 석탄 철강 공동체'에서 처음에 내걸었던 조건이 있습니다. 건설 자금 일부를 건축 현장에서 어떤 흥미로운 실험을 하는 데 활용하자는 것이었죠. '노동자 주택 관리 공사'에서는 내부 기술자들이 개발한 2.5미터 길이의 강철 대들보와 1945년 이후 이탈리아 전역에서 고급 아파트에 사용되어 온 전면 높이의 창문틀을 써 보는 것이 어떻겠냐는 제안을 해왔습니다. 대들보나 창문틀은 '실험'이라고 보긴 힘들다고, '노동자 주택 관리 공사' 간부들을 설득하는 데 상당히 애를 먹었지만 결국 성공했습니다. 마테오티 마을에서는 사용자들이 프로젝트에 참여한 사실 자체가 실험이라고 선언함으로써 보기 좋게 장애물을 피할 수 있었던 셈이죠.

데 카를로가 우르비노 교외 언덕에 설계한 우르비노 대학 전경.

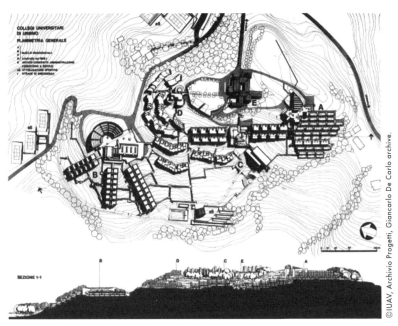

우르비노 대학의 배치도와 단면도

팀텐(team10) 멤버들과 함께 한 데 카를로(가운데 넥타이 차림)

1959년 네덜란드 오테를로(Otterlo)에 모인 43명의 팀텐 멤버들.

미래의 거주자들과 대화하는 데 카를로

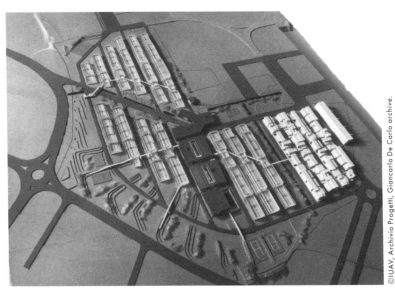

마테오티 마을 모형. 건물군을 관통하는 전용 보행로가 마을 전체에 활력을 불어 넣는다.
사진오른쪽의 지붕이 덮인 부분만 지어졌다.

마테오티 마을 전경. 각 건물동을 잇는 전용 보행로가 보인다.

리미니 중심지구 계획을 설명하고 있는 데 카를로

시민들에게 계획 개념을 드로잉으로 보여주고 있다.

데 카를로와 그의 스케치

옮긴이의 글

참여의 미학

윤병언

이 책의 핵심 주제를 한마디로 말한다면 '참여의 미학'이다. 거주자의 입장에서 훌륭한 집을 지으려면 건축가가 일방적으로 제안하는 집이 아니라 거주자 자신의 적극적인 '참여'가 무엇보다 필요하다는 관점이다. 하지만 저자가 제시하는 '참여' 개념은 단순히 전문화, 산업화, 상품화의 기류에서 벗어나지 못하는 건축 문화를 거부하고 개선하기 위한 대안의 차원에 머무르지 않고 보다 근본적인 차원의 성찰을 요구한다. 왜냐하면 '건축 사용자'들을 건축 과정에 참여하도록 하는 문화적 접근 방식 자체가 건축 미학의 핵심 문제와 직결되는 복합적이고 역사적인 현상과 맞물려 있기 때문이다. 데 카를로가 스스로를 아나키스트로 정의하면서 건축 사용자의 관점과 참여를 중시하고 기존의 건축 정책이나 양식을 전면적으로 거부하는 태도는 곧 서양 건축사에 내재하는 본질적인 이원론, 즉 생활양식과 생활 공간, 사는 방식과 짓는 방식의 분리 현상을 본능적으로 거부하는 성향과 일치한다.

이러한 분리 현상은 역사적으로 자연스러운 단계에서

이질적인 단계를 거쳐 괴리 현상으로까지 발전했다는 것이 학자들의 일반적인 견해다. 근대를 기점으로 인간이 정치적 동물에서 스스로의 삶 자체를 정치화하는 존재로 발전했다는 미셸 푸코의 진단과 일맥상통하는 과정이 서구의 건축 문화에도 그대로 드러난다. 생활 공간을 만드는 일이 본질적인 차원에서 거주자가 아닌 건축가의 전유물로 변화하는 과정은 삶의 공간이 공공의 영역으로 확장되고 시장에 편입됨에 따라 건축 문화가 자본 축적과 이윤 창출을 위한 경제 정치의 대상으로 정착되면서 보다 구체적인 현실로 드러났다. 그리고 이러한 상황은 삶의 기반을 마련해야 할 건축 문화가 삶의 터전과는 거리가 먼 경제 도구로 전락하고 인간의 삶과 주거 환경의 관계 자체가 온갖 종류의 상품 가치 외에는 아무런 연관성도 찾아볼 수 없는 무의미한 관계로 변질되는 결과를 가져왔다. 경제가 수단이 아닌 목적으로 변해 정치를 대체하고 삶의 터전을 경제 정치의 제물로 삼는 곳에서 건축은 창조적으로 주거 환경을 개선하는 것이 아니라 오히려 살아가는 행위와 살아가는 공간의 단절을 조장하고 단절 그 상태를 유지하는 기술로 남는다.

오늘날 우리는 이러한 분리와 단절 현상을 거의 감지하지 못하는 상황에 놓여 있지만, 학자들이 비판적인 차원에서 바라보는 이러한 변질 과정의 흔적은 일본어의 번역어인 '건축建築'에 상응하는 단어 '아키텍처Architecture'의 어원에서도 어렵지 않게 발견할 수 있다. '아키텍처'는 건축가를 뜻하는 고대 그리스어 '아르키텍톤Architekton'에서 유래한다. 이 단어는 '기원'의 의미로 사용되는 '아르케Arche'와 기술자를 뜻하는 '텍톤'의 합성어다. 여기서 우리가 주목해야 할 것은 '아르케'다. 고대인들에게 '아르케'는 단순히 이질적인 사물들의 공통점이기 때문에 기원으로 간주되는 요소만 가리키는 것이 아니라 사물들의 생성을 결정짓는 힘이나 변화를 좌우하는 근원적 원리를 가리키는 용어였다. 바로 그런 이유에서 '아르케'는 원리이자 시작을 뜻하는 동시에 명령과 지배를 의미했다. 예를 들어 고대 아테네의 최고 관리 '아르콘 Archon'은 어떤 일을 '처음'으로 추진할 수 있는 권한은 물론 이를 '지휘'할 수 있는 권한도 함께 지니고 있었다. 어떤 일을 '처음으로' 시작할 뿐 아니라 모든 것을 계획하고 추진하고 완성한다는 차원에서 '우두머리'로, 곧 '명령'하는 존재로 간주되었던 것이다. 아리스토텔레스가 아르콘을 일종의 아르키텍톤, 즉 건축가로 정의하고 정치가 역시 건축적 기량을 지닌 존재로 설명할 수 있었던 것은 '아르케'가 시작과 지배라는 의미를 동시에 지니고 있었기 때문이다. 여기서 잊지 말아야 할 것은 '아르케'가 일반적으로 무언가의 '시작'이었다는 차원에서 '기원'으로 풀이되지만 이 '기원'의 과거 시점에 고정되어 있는 것은 아니라는 점이다. 다시 말해 아르케는 이 무언가의 전개 과정과 무관하지 않으며 그것이 완성될 때까지 직접적으로 관여하고 영향력과 지배력을 행사하는 일종의 원리 원칙에 가깝다. 아르케가 '시작'과 '지배'라는 의미를 모두 지녔기 때문에, 시작과 원리로 기능할 뿐 아니라 모든 것을 다스리고 지배하기 때문에, '아르케'를 기반으로 하는 '아키텍처'는 최초의 아이디어가 단순히 현실로 구체화되는 과정을 지배하거나 유도하는 것으로 그치지 않고 이 과정에 의해 완성되는 외부 세계와 인간의 구체적이고 의미 있는 관계에 지속적으로 관여하며 이 관계를 지배한다. 이는 역으로 '아르케' 자체가 인간에 의해 지배될 수 없는 것이기 때문이기도 하다. 다시 말해 건축이 인간과 환경의 관계를 지배하는 것은 인간이 지배할 수 없고 원리 원칙으로만 기능하는 아름다움이나 조화, 진리, 이상 같은 것이 바로 건축의 아르케, 즉 '기원'의 영역을 채우고 있기 때문이다.

건축의 본질적인 위상이 이러한 구도와 의미를 지니고 있었다면 이 원천적인 차원의 건축에 비해 오늘날의 건축은 기념성과 화려함, 소비적 측면과 특수성을 과도하게 추구하며 지나치게 단순하고 획일적인 방향으로 발전한 듯이 보인다. 오늘날 건축가와 도시계획가가 제시하는 공간적 비전 가운데 아르케의 원천적 이상이 생생하게 살아남아 삶의 양식을 조화롭게 이끌고 지배하는 공간은 찾아보기 힘들다. 현대 건축은 자본과 기술의 지배를 바탕으로 승승장구하지만 건축 미학의 핵심 원리는 여전히 인간이 '지배할 수 없고 공유할 수 있을 뿐인' 아르케가 존재한다는 성찰과 구도 속에 함축되어 있다. 건축 미학은 본질적으로 인간과 공간, 인간과 물질, 인간과 환경의 실용적이고 감성적인 관계와 이 관계의 역동성을 탐구하기 때문에, 건축 미학의 관점에서 분명하게 드러나는 것은 건축이 고유의 표현 매체로 활용하는 물질과 공간을 항상 가능성이자 불변하는 한계로 이해한다는 사실이다. 문제는 근대를 기점으로 건축이 무엇보다도 아르케가 지배해야 할 '한계'의 개념을 극복의 대상으로 간주하기 시작했다는 데 있다. 하지만 물질과 공간의 한계는 순수하게 물리적인 한계이며 아르케가 극복하거나 질료로 위장해야 할 한계가 아니라 반대로 존중해야 할 원리나 이상으로 재창조함으로써 아르케의 위상으로 끌어올려야 할 요소다.

참여를 주장하는 데 카를로의 입장 역시 건축이 지배해야 할 이 한계가 질료와 기술로 대체되고 그런 식으로 위장된 한계가 오히려 아르케로 상정되는 왜곡된 상황을 전면적으로 거부하는 입장과 일맥상통한다. 데 카를로가 아나키스트적인 입장을 고수하며 어떤 미학적 기준이나 특정 양식을 제시하는 대신 기존의 건축 문화를 거부하고 인간과 공간의 관계성에 내재하는 보이지 않는 조화를 탐색하며 이를 위한 대화와 참여의 중요성에 주목했던 것은 그가 인간이 '지배할 수 없지만 공유해야 하는' 아르케의 중요성을 남다른 방식으로 인식했기 때문이다. 공교롭게도 데 카를로가 천착했던 '아나키즘'의 어원 역시 '아키텍처'의 어원과 동일한 '아르케'다. '아나키Anarchy'는 문자 그대로 '아르케'의 부재, 즉 기원의 부재와 지배적인 원리의 부재를 뜻하며 아나키즘은 모든 형태의 지배를 거부하는 태도와 사상을 가리킨다. 하지만 그가 거부했던 것이 이질화를 거쳐 '위장된' 아르케였고 바로 그런 이유에서 아나키즘을 지지했으리라는 점은 어렵지 않게 짐작할 수 있다.

베네치아 시장으로 활동하면서 데 카를로와 함께 일할 기회가 있었던 철학자 마시모 카차리Massimo Cacciari는 실제로 데 카를로의 실험적 방식이 혼돈과 아나키즘을 초래하기보다는 도시 구조를 분석하는 건축가들과 도시의 해당 기관 그리고 시민들 사이의 생생하고 직접적인 관계를 지속적으로 만들어 냈을 뿐 아니라 이 관계가 사회의 구체적인 요구에 응답할 수 있는 생산적인 만남으로 발전하는 데 크게 일조했다고 회상했다. 카차리는 건축가 데 카를로를 이렇게 묘사했다. "데 카를로는 자신의 작품을 내세워 스스로를 광고하는 부류의 '장식적인' 건축가와는 정반대되는 유형의 인물이다. (……) 데 카를로의 건축언어에서는 절충주의적인 요소를 찾아볼 수 없다. 모든 진정한 건축가들과 마찬가지로 그는 도시 공간의 맥락에 주목하고 그를 부른 사회를 생각한다. 왜냐하면 건축가란 주변 공간을 전적으로 무시한 채 분별력 없이 집부터 짓는 이방인이 아니라고 생각하기 때문이다. 그의 건축언어에서 드러나는 양식상의 차이점들은 절충주의에서 유래하는 불협화음이 아니라 건축가와 특정 공간과 특정 사회 사이에서 형성되는 관계의 차이점들이다. 실제로 데 카를로는 건축적인 맥락과 공간과 사회에만 주목하지 않고 이 요소들의 변화와 혁신을 목표로 대화를 추구하는 건축가다. 따라서 양식상의 차이점들은 절충주의의 결과가 아니라 공간과 사회의 생생한 관계에 대한 주의 깊은 성찰과 탐구와 분석에서 자연스럽게 유래하는 특징에 가깝다."[1]

카차리의 증언을 통해 분명하게 드러나는 것은 데 카를로가 건축 공간을 단순히 건축가의 전유물이나 창조를 위한

---

[1] 마시모 카차리, 「베네치아를 위한 한 건축가Un architetto per Venezia」, 마르게리타 구초네, 알레산드라 비토리니 편저, 「잔카를로 데 카를로, 건축의 이유, 2005 Mondadori Electa」

질료로 간주하지 않고 다양한 요소들의 복합적인 관계에 의해 유지되는 유기적인 공간이자 아르케가 시작되어야 할 공간으로 간주한다는 점이다. 결과적으로 데 카를로의 '참여'는 단순히 거주자와 건축가가 서로의 입장을 유지한 채 나누는 '생산적인 대화'의 차원을 넘어서 거주자가 건축 공간을 활용할 목적으로 그것의 구도에 참여하는 것과 동일한 차원의 참여가 아르케를 발견할 수 있는 장에서 이루어지도록 만드는 건설적인 관계를 의미한다. 따라서 '참여'는 거주자의 요구나 건축가의 정보 수집을 위한 방편이 아니라 궁극적으로 공간의 생생한 힘을 발견하기 위한 건축 미학의 한 단계에 가깝다. 달리 말하자면 '참여'는 주거 행위가 이미 축조된 건축 공간을 기준으로만 평가되는 상황과 이를 조장하는 편협한 사고방식에서 벗어나기 위해 데 카를로가 건축 미학을 주거 미학으로 탈바꿈하는 과정의 핵심 경로다. 이런 방식으로 데 카를로는 삶과 환경을 지배하는 공간과 동선을 집요하게 분석하면서 건축언어와 생활양식의 조합을 모색했다. 그는 보여 주기 위한 건축이 아니라 자신의 미학적 성찰과 아이디어와 고민의 흔적이 오히려 포장되지 않은 채로 남아 있는 공간, 결과적으로 건축 공간의 설계자와 사용자가 모두 본질적으로는 같은 결의 의미를 부여할 수 있는 공간의 창조를 추구했다. 책을 읽은 독자들은 느꼈겠지만, 데 카를로는 단순히 아름답고 편리하거나 특이한 공간을 모색했던 건축가가 아니다. 문학적으로 표현하자면, 그는 멋진 집을 짓는 대신 멋이 없어도 멋진 집은 무엇인지 이야기해 줄 수 있는 집을 만드는 데 주목했다. 사용자가 아름다움이나 편리함을 소유하기보다는 향유할 수 있는 공간, '집주인'보다는 집의 주인공이 될 수 있는 삶의 터전과 의미를 창출하는 데 주력했던 것이다. 바로 이런 이유에서, 우리가 주목해야 할 것은 그의 건축 작품이 아니라 그가 건축의 완성 단계를 목표로 밟아 가는 미학적 성찰의 경로와 사유의 움직임, 크게는 건축적 창조의 장을 탐색하는 방식과 자세다.

그의 강연 기록을 읽으면서 가장 인상 깊었던 것도 바로 건축적 아이디어의 전시나 외형적 실현이 아니라 그 아이디어를 내면화하고 유지하기 위한 공간적 맥락을 창조하는 데 쏟아붓는 그의 헌신적인 노력과 투쟁 정신이었다. 무엇보다 놀라웠던 것은 그가 모든 유형의 양식적 체제를 거부하면서도 아나키즘을 슬로건이나 방법론으로 내세우기보다 오히려 아나키즘에 내재하는 거부의 힘을 스스로에게 적용하기 위해 노력했다는 점이다. 아나키스트로서 그는 동의하지 않겠지만 그를 실천적 사회주의자로 정의할 수 있다면, 같은 맥락에서, 그의 사회주의적 관점이 정치적 견해로 쉽게 번지지 않고 오히려 건축이라는 한 전문 분야의 특성을 좌우하며 그의 건축적 표현과 참여의 구도 안에 고스란히 녹아든다는 점도 인상적이다. 데 카를로가 건축 사용자의 관점을 적극적으로 수용할 때 부각되는 인본주의 사상 역시 유사한 색채와 결을 지닌다. 인본주의 역시, 사회주의적인 형태로든 민주주의적인 형태로든, 추상적 체제나 경제적 효과나 시스템이 아니라 개인의 실천과 노력에 의한 열매를 통해서만 설득력을 얻고 빛을 발할 수 있다는 점이 데 카를로가 이끌었던 참여의 과정에서 고스란히 드러난다. 바로 그런 차원에서 데 카를로는 우리에게 구도자이자 시인으로 다가온다. 우리가 그를 기꺼이 건축의 시인으로 부를 수 있는 이유는 그가 공간의 이상적인 구도를 발견하기 위해 시도한 집요한 탐구와 투쟁, 대화와 '참여'의 흔적을 몇 마디 말과 여백, 긴 호흡과 강렬한 인상 그리고 의미의 뒤틀림이 있는 한 편의 시로 쌓아 올리는 건축가였기 때문이다.

인명 색인

인명 색인

참여의 건축

잔카를로 데 카를로지음
윤병언 옮김

초판 1쇄 발행. 2021년 5월 13일

펴낸이. 이민·유정미
디자인. 워크룸

펴낸곳. 이유출판
주소. 34630 대전시 동구 대전천동로 514
전화. 070-4200-1118
팩스. 070-4170-4107
전자우편. iu14@iubooks.com
홈페이지. www.iubooks.com
페이스북. @iubooks11

정가 18,000원
ISBN 979-11-89534-19-6 (03540)